"十四五"普通高等教育部委级规划教材

交叉学科设计学专业创新教材 | 李少博 高颂华 韩海燕 主编

U0661711

XR 沉浸式设计

XR
CHENJINSHI SHEJI

高颂华 张雨蒙 李晨璐 朱家兴 编 著

中国纺织出版社有限公司

内 容 提 要

本书详细阐述了XR技术的概念特征与技术细节，以及技术与认知方式的演变关系；明确了沉浸式技术的优势和理论核心，并指导如何策划数字产品的市场定位、如何运用沉浸式信息叙事技巧；如何使用具身参与的交互设计方法，并深入探讨了如何在沉浸式虚拟世界中实现感官沉浸、行为沉浸和情感沉浸的实战案例。构建了一个从知识拓展、技术理解、理论辨识、原因辨析、案例反思到创新应用的学习闭环。引导学生立足于科技与艺术的交汇点，更好拓展设计视野，更新设计理念。

本书适用于设计类相关专业师生及爱好者阅读。

图书在版编目（CIP）数据

XR 沉浸式设计 / 高颂华等编著. -- 北京：中国纺织出版社有限公司，2025. 6. --（"十四五"普通高等教育部委级规划教材）（交叉学科设计学专业创新教材 / 李少博，高颂华，韩海燕主编）. -- ISBN 978-7-5229-2694-0

Ⅰ. TP391. 98

中国国家版本馆 CIP 数据核字第 202539JC21 号

责任编辑：华长印　王思凡　　责任校对：寇晨晨
责任印制：王艳丽

中国纺织出版社有限公司出版发行
地址：北京市朝阳区百子湾东里 A407 号楼　邮政编码：100124
销售电话：010—67004422　传真：010—87155801
http://www.c-textilep.com
中国纺织出版社天猫旗舰店
官方微博 http://weibo.com/2119887771
天津千鹤文化传播有限公司印刷　各地新华书店经销
2025 年 6 月第 1 版第 1 次印刷
开本：787×1092　1/16　印张：10.5
字数：186 千字　定价：69.80 元

总序

设计是突破式创新的重要推动力，也是催生新产业、新经济的重要因素。随着新时代到来，设计正在经历从"创造风格"到"驱动创新"的范式转型，之前设计范畴的造型、形式和风格导向，已经拓展到了服务、体验、交互、战略和智能化的设计驱动。

面对新的变革趋势，设计需要探索与其他学科合作的新方式，为迎接不断出现的新挑战，设计教育教学内容需要不断超越既定学科的知识模型，融合多学科知识来分析、解决复杂的社会问题，在具体的设计实践中作出及时的调整与重塑。

内蒙古师范大学设计学院主动面对设计学发展趋势，立足区域特质，持续致力于设计教学课程改革。在国家级一流本科专业建设过程中，整合教师教学经验与在地设计项目的各种教学资源，开展交叉学科设计学专业创新教材编写的系统工程。学院教师团队立足于新时代设计学科体系，以促进学生应用多学科知识和方法解决设计问题的能力提升为目标，倡导将各类学科的思维方法、知识和技能相结合，不断迭代教学思路与系统化设计教学知识体系。

本系列教材适合设计专业学生作为教材使用，也可作为设计专业学生自学的工具书和创新设计指导书。教材涵盖高等院校设计专业的专业基础课、专业核心课、专业拓展课等多种课程类型，形成学科交叉融合型专业课程体系。教材内容包括课题组成员在设计与心理学、媒介技术、信息传播等多个领域交叉创新的教学研究成果。强调跨学科问题的深度思考，强化多学科知识之间的链接，以及在生产生活中的综合应用，注重培养学生立足设计服务区域社会经济、文化发展，主动认识、自主反思、独立判断、合理决策的设计能力。

　　本系列教材在编辑出版过程中，得到了中国纺织出版社有限公司的大力支持和帮助，在此表示感谢。鉴于本系列教材系教学一线教师在教学过程中所积累的经验与总结，书中或有疏漏与不当之处，敬请专家、同行及广大读者批评指正。

李少博

2024年1月

科技创新型设计应用人才，一直以来都是国家创新产业发展重要需求。作为新时代的设计学子应以掌控前沿设计能力，服务国家战略为己任。扩展现实（XR）是虚拟现实（VR）、增强现实（AR）、混合现实（MR）的总称。其作为一种连接物理实境及虚拟环境的人机互动设备与技术，是全世界商界竞争的关注点，应用日益广泛，表现力日渐强大。同时，设计院校也逐步在数字媒体艺术、艺术与科技、新媒体艺术专业下，设置了虚拟现实、沉浸媒介等相关课程。

而随着新媒介技术的影响，其艺术表达方式、媒介交互习惯、叙事方式不断迭代，要求设计者具备市场分析、技术应用、用户心理、体验设计等多种学科知识背景与思维方式。

本书从XR技术理解、沉浸理论应用、设计方法运用三个层面进行阐述。从产品策略、交互叙事、具身体验、艺术表达、信息诠释出发，着重分析和阐释沉浸式数字产品从定位、策划到设计形成的全过程。在设计教学实践板块时，设立与中华优秀传统文化传承及生态保护意识建设相关的选题，以此引导学生在数字中国时代背景下，立足于科技与现实的交汇点，通过调研、分析、策划、制作的学习过程，培养学生树立服务国家的设计责任感，并激发其自主学习与自我发展的内在动力。

本书面向设计专业综合创作课程，对XR的理论基础到实践应用进行了系统讲述，包括以下几个要点：其一，阐述XR概念特征与技术，反思技术与生活方式关系演变；其二，如何利用沉浸媒介优势，进行数字产品定位；其三，辨识沉浸式理论核心，思考如何利用沉浸媒体特点展开设计；其四，通过叙事学理论，提出沉浸叙事的设计方法；其五，引入自然交互要求，以具身性探讨交互设计的具体方法；其六，立足仿真性与包裹性维度下，分析沉浸式场景中视觉沉浸、听觉沉浸、行为沉浸以及情感沉浸的设计要点；其七，通过对本课程作业案例的分析点评，强调设计实践过程中的重点和难点。

在本书的编纂过程中，本人衷心感谢为本研究提供指导并参与其中的团队成员，包括来自内蒙古师范大学设计学院的李少博教授、韩海燕教授、李晨璐讲师、朱家兴讲师等。还要感谢团队中张雨蒙、李杨思怡、王介如、赵雪、刘雅楠、陈洁琳、郭朔楠等同学，他们积极参与了本书设计的诸多实证案例和项目课程。同时，过去三年中，超百名学生在课程实验中贡献了创新灵感和设计图纸，我们一起做了很多具有前沿性的设计探索与总结，这些教学与研究实践都对本书的完成形成了有力支撑，在此一并致谢。

本书以教材体例编纂，并扩展加入交叉学科的理论知识作为的扩展内容。同时为方便用户理解，以动态体验链接，提供体验视频案例。本书可供设计专业师生使用，也可供相关专业设计师阅读参考。因时间所限，书中难免存在不足，还请读者提出宝贵意见。

高颂华

2024年10月

课时分配表（15 周，60 课时）

章	周数	课程名称	课程知识点	课时
第一章 XR的概念	第1周	课程一：XR扩展现实	➢ XR 的概念 ➢ XR 的特征	0.5课时
		课程二：VR虚拟现实	➢ VR 的概念 ➢ VR 的分类 ➢ VR 的特征	1课时
		课程三：AR增强现实	➢ AR 的概念 ➢ AR 的特征 ➢ AR 的设备	1课时
		课程四：MR混合现实	➢ MR 的概念 ➢ MR 的特征 ➢ MR 的设备	1课时
		课程五：XR技术发展的历程与影响	➢ XR 技术发展历程 ➢ XR 媒介技术发展对认知方式的影响	0.5课时
第二章 XR沉浸式设计与数字产品定位	第2周	课程一：认识沉浸式设计	➢ 沉浸式设计概念与内容 ➢ 沉浸四要素与行业应用	2课时
		课程二：XR沉浸式数字产品定位	➢ XR 沉浸式数字产品的概念与定位 ➢ 产品定位步骤	2课时
第三章 沉浸式叙事	第3~5周	课程一：认识沉浸式叙事	➢ 沉浸式叙事的概念 ➢ 沉浸式叙事的特征 ➢ 沉浸式叙事的深度	4课时
		课程二：沉浸式叙事的构成要素	➢ 叙事主体 ➢ 叙事主题 ➢ 叙事线索 ➢ 叙事结构 ➢ 叙事形态 ➢ 叙事时空	4课时
		课程三：沉浸式叙事设计流程与方法	➢ 明确叙事主体 ➢ 确立叙事主题 ➢ 构建叙事素材库 ➢ 构建叙事信息框架 ➢ 设计叙事线索、结构、时空 ➢ 选择适当叙事形态	4课时

续表

章	周数	课程名称	课程知识点	课时
第四章 沉浸式交互	第6~8周	课程一：沉浸式交互的相关概念	➢ 沉浸式交互 ➢ 具身认知 ➢ 身体图式 ➢ DOF 观察自由度 ➢ 联觉与通感	2课时
		课程二：沉浸式媒介交互特点	➢ VR 媒介的交互特点 ➢ AR 媒介的交互特点 ➢ MR 媒介的交互特点	4课时
		课程三：沉浸式交互的设计策划	➢ 设计策略 ➢ 设计表达	6课时
第五章 沉浸式场景设计	第9~11周	课程一：认识沉浸式场景	➢ 沉浸式场景的概念 ➢ 沉浸式场景的特性	4课时
		课程二：沉浸式场景的设计要点	➢ 场景主题传达 ➢ 场景造型仿真 ➢ 包裹体验拟态 ➢ 时空情景再造	4课时
		课程三：场景设计的表达方式	➢ 场景造型的设定 ➢ 空间构图设计 ➢ 高保真场景设计图	4课时
第六章 作品分析与设计实践	第12~15周	课程一：案例分析方法及作品案例赏析	➢ 案例分析方法 ➢ 作品案例赏析	2课时
		课程二：设计实践	➢ 方案讨论与优化	14课时

目录

第一章

XR的概念

| 教学目标 |

了解XR、VR、AR、MR的概念及其技术特征、交互形式、应用设备等内容。辨识XR的发展历程，理解技术发展与认知方式相关影响的辩证关系，反思XR沉浸媒介发展对设计人才需求的影响。

| 教学重点 |

1.理解XR的概念，了解XR技术的发展趋势。

2.理解VR、AR、MR的概念，了解VR技术的类型及特点。

3.思考XR的发展历程及当下前沿的沉浸技术发展趋势。

| 推荐阅读 |

张以哲. 沉浸感：不可错过的虚拟革命[M]. 北京：电子工业出版社，2017.

| 教学评估 |

可以通过小组调研作业、课堂讨论等多种方式引导学生展开学习。教师在学生作业制作及讲评过程中，对作业中反馈出来的资料数量、分析质量、反思维度及学生主动性进行评估。

第一节　XR 扩展现实

在桌面互联网时代和移动互联网时代之后，扩展现实这一能够实现虚拟与现实无缝对接的工具，引领我们迈入了一个新的信息时代。它帮助我们构建了一个个令人惊叹的虚拟世界。

一、XR的概念

计算机仿真技术的不断发展为人类带来了众多的沉浸式技术，其中以虚拟现实（Virtual Reality，简称VR）、增强现实（Augmente Reality，简称AR）与混合现实（Mixed Reality，简称MR）为世人所熟知，这些技术通过不同程度的数字信息与现实环境融合，为用户带来了全新的体验模式。XR技术的出现，与当下流行的VR、AR、MR技术的发展密不可分。

具体来说，XR技术是一种涵盖性术语，包含了VR、AR、MR等技术。未来XR技术将会与人工智能技术、物联网技术高度融合，数字内容将会在其支持下，以更为直观可感的形式出现在真实空间中。其中，"X"可以看作V（R）、A（R）或M（R）的占位符，如图1-1所示，同时它也表示未定义的或可变的数量。

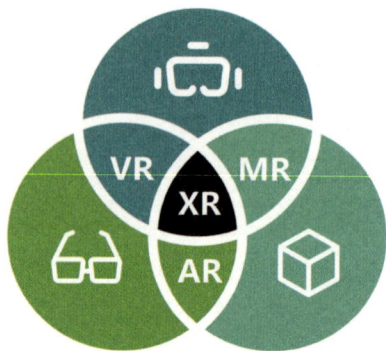

图1-1　XR与VR、AR、MR的关系

二、XR的特征

结合VR、AR、MR技术的特性以及XR的相关概念界定，我们认为，XR应当具备感官代入、直观交互、情境感知三个特性。

（一）感官代入

感官代入技术的引入，为人们带来了前所未有的沉浸体验层次，使人类的感知能力得以超越视觉范畴，在XR技术领域中扮演更为关键的角色。XR作为一种前沿技术，它允许我们在现实世界中体验虚拟环境，或在虚拟世界中体验现实环境。XR技术通过计算机技术的融合，将真实世界与虚拟世界相结合，创造出一个可供人机交互的虚拟环境，为体验者提供了虚拟与现实之间无缝转换的沉浸体验。

（二）直观交互

尽管传统的AR、VR以及MR技术为用户提供了前所未有的沉浸式体验，但是这些技术的实现往往需要用户佩戴笨重的头戴式显示器，手持控制器，这不仅在物理上限制了用户的自由移动，而且给用户在心理上造成了一定的隔阂感。此外，用户在初次接触这些设备时，往往需要经过一段时间的适应和学习，才能熟练掌握其操作方式，这无疑提高了入门门槛。XR技术借助手势交互、语音交互、姿态交互、眼动交互以及脑机交互等多种技术手段，实现了交互设备的"隐形"，使交互过程更贴合人类的自然行为习惯。该技术追求的是一种直观的交互体验，其目标是让技术本身变得"无形"。因此，XR技术的直观交互设计正朝着更加自然和"无缝"的境界迈进。随着技术的持续进步，未来的交互方式预计将变得更加多元和智能化，为用户带来更加丰富和沉浸的体验。

（三）情境感知

马歇尔·麦克卢汉（Marshall Mcluhan）认为，"媒介是人的延伸，人的任何一种延伸，无论是皮肤的、手的还是脚的延伸，对整个心理和社会的复合体都产生影响"[1]。媒介的产生继而丰富和开创了人类感知与认知世界的方式、途径。以XR为代表的计算机图形与仿真技术的出现与应用，为人类提供更多感知世界的途径和手段。

情境感知区别于实境感知，是实境感知的高阶形态，体现的是从普适计算向认知计算的跨越。实境感知强调对周围环境各种量化信息的数据获取、分析及处理。情境感知的感知客体超越了客体本身的物质特性，包括虚拟世界的数字信息。例如，情境感知关注于感知主体本身在体验过程中所产生的心理反应，这不仅要求算法对环境数据、人体各项指标数据进行处理，还要求算法对量化体验领域中相关指标进行分析，借此为用户提供最好的与上下文语境相关联的体验。

未来，XR技术将会是一种多感官参与的新型媒介技术，设备的轻量化、智能化将使用户能够忽略技术的痕迹，直接沉浸在内容之中，借助于以用户为中心的上下文情境驱动的个性化体验，用户身临其境般的感受将被进一步丰富。

---

[1] 马歇尔·麦克卢汉. 理解媒介·论人的延伸[M]. 何道宽，译. 南京：译林出版社，2019.

第二节　VR 虚拟现实

我们通常所理解的VR，是指沉浸式VR系统中通过头戴式显示器呈现的形式。然而，VR的概念及其分类远不止于此。

一、VR的概念

VR指的是通过计算机技术生成的可以模拟现实世界环境的三维空间，它允许用户通过特定的设备，如头戴式显示器、手套等交互设备，沉浸在一个由数字信息构建的虚拟世界中。这种技术通过模拟视觉、听觉乃至触觉等感官体验，为用户创造出一种身临其境的感觉，使用户能够与虚拟环境中的对象进行交互，仿佛置身于一个真实存在的空间。

近年来，众多科幻题材的影视作品，如《黑客帝国》和《头号玩家》，构建了一个与现实世界相隔离的虚拟空间。在这个空间中，体验者能够通过特定的方式进入，从而感受那些在现实生活中无法体验到的元素。VR技术的核心在于为体验者创造一个仿真的世界，这个世界既可以与现实世界高度相似，也可以截然不同。在这个模拟世界中，参与者能够观察和探索各种虚拟对象，并且能够与之进行互动，如图1-2所示。

图1-2　《唐人宫乐图》VR体验设计项目截图
韩甜甜　孟彤　郭晶晶

二、VR的分类

使用VR技术开发的系统，称为VR系统。VR系统也可称为VR平台，旨在创建一个可交互的虚拟环境，便于用户探索无法到达或非真实存在的场景。目前还没有一个统一的标准来定义VR系统，因此存在多种不同的表述。VR系统的核心是沉浸感和交互性，提高用户体验感。根据沉浸程度与用户参与形式的差异，有学者将VR系统分为桌面VR、增强VR、分布式VR系统和沉浸式VR系统，其也被认为是广义上的分类，具体如下。

（一）桌面VR

用户通过键盘、鼠标、操纵杆或触摸屏等设备与虚拟环境进行交互，这种VR系统通常被称为非沉浸式虚拟现实系统（Non-Immersive VR System），又称桌面式或窗口式VR系统，如图1-3所示。桌面VR具备其实现成本低、应用方便灵活的特点，可借助立体投影设备增强效果。

（二）增强VR

增强式虚拟现实系统（Augmented Reality System）又称为半沉浸式虚拟现实系统（Semi-Immersive VR System），将虚拟世界叠加到真实世界上，形成两个世界的无缝连接，从而使用户获得超越现实的虚拟体验，如图1-4所示。这便是文后将会提及的AR技术。增强式VR系统可以改变用户认知方式，把虚拟信息带入周围物理环境中，增强用户对现实世界的交互与感知。

图1-3　内蒙古师范大学民族传统营造技艺传承与创新
虚拟仿真实验教学平台

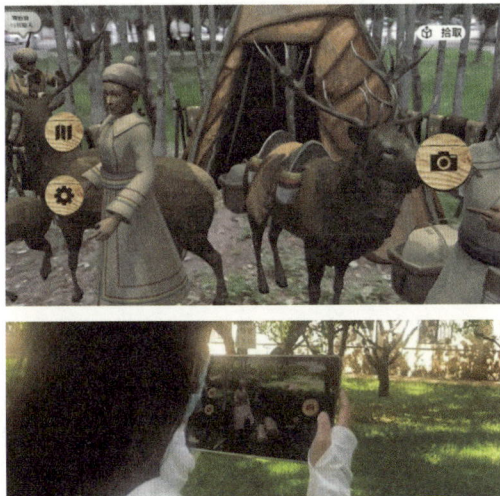

图1-4　《AR敖鲁古雅文化景观的叙事》项目
张宇婷

（三）分布式VR系统

分布式虚拟现实系统（Distributed VR System）通过互联网实现了不同地域用户之间的实时互动与共享同一虚拟世界的体验，该虚拟世界并非孤立存在，而是运行于多个通过网络连接的计算机系统之上。这一概念与近年来备受关注的"元宇宙"议题不谋而合。分布式VR系统适应了时代发展的新趋势，预期将提升用户间的沟通与协作能力。

以上的VR系统分类，涵盖了多种数字化内容的呈现形式。用户通过头盔或其他设备来显示虚拟的图像、声音或其他感官信息，完全沉浸到一个虚拟空间中，用感受真实世界一样的方式来感受计算机生成的虚拟世界。用户可以在虚拟空间中自由移动和互动，完成预定的任务和目标，有身临其境的感觉。

（四）沉浸式VR系统

沉浸式VR系统（Immersive VR System）可使用户完全融入并感知虚拟环境，获得存在感。一般实现系统功能有两种途径：洞穴自动虚拟环境和头戴式显示器。沉浸式VR技术通过视觉、听觉、动作捕捉和触觉反馈等多种技术手段的综合运用，为用户带来了一种全新的、完全沉浸的虚拟体验。

洞穴式VR（Cave Automatic Virtual Environment，简称CAVE）是一种沉浸式的VR技术，它通过使用多个高分辨率投影仪将三维图像投射到一个封闭空间的墙壁和地板上。这种技术创造了一个立体感强烈且逼真的虚拟环境，使用户能够全方位地体验虚拟世界。在这个环境中，用户不仅可以感受到视觉上的沉浸感，还能通过各种传感器和交互设备与虚拟环境进行互动，从而获得更加真实和全面的体验。洞穴式VR广泛应用于科学研究、工程设计、教育培训和娱乐等领域，为用户提供了一个全新的互动平台，如图1-5所示。

头戴式显示器是一种佩戴在头部的显示设备，它能够提供VR、AR或MR的视觉体验。这种显示器通常包括1个或2个小型显示屏，分别对应用户的左眼和右眼，从而实现立体视觉效果。头戴式显示器的设计旨在为用户提供沉浸式的视觉体验，使他们能够在一个虚拟的环境中进行互动和操作。

1968年，哈佛大学的伊万·萨瑟兰（Ivan Sutherland）首先提出VR立体头盔，并设计出应用 CRT 的名为 "达摩克利斯之剑" 的VR立体头盔。此后，经过 30 多年的发展，VR立体头盔取得了巨大的进步和广泛的应用。

头戴式VR设备，利用头戴式显示器（Head-Mounted Display，HMD）实现沉浸式体验，是VR技术中最核心的显示装置。通常情况下，头戴式显示器均配备了头部运动追踪装置。用户佩戴该设备后，当其头部发生运动时，系统能够计算出与用户当前姿态相对应的虚拟对象的

图1-5　内蒙古民族服饰虚拟沉浸展策划图　王介如

位置和姿态，并将其呈现于头戴显示器的屏幕上。按照连接方式可以分为以下3种。

（1）外接式头显。外接式头显通常需要连接电脑或游戏主机等外部设备，具有强大的图形处理能力，能够提供高画质的虚拟体验。其特点是画面质量高、性能稳定，但受限于连接设备，移动性较差。适用场景主要是在家庭娱乐、专业游戏竞技等对画质要求较高且不强调移动性的场合。例如：Oculus Rift和HTC Vive等设备将电脑作为主要的 VR 内容运行和计算平台，可以实现六自由度的运动交互，沉浸体验大幅度提升（图1-6）。

（2）一体式头显。一体式头显则将处理单元集成在设备中，无需外接其他设备，具有较高的便携性。它可以在不同的环境中使用，方便用户随时随地享受VR体验。适用场景包括户外旅行、移动办公间隙的娱乐等。一体机头盔是传统的VR显示设备，集成了显示、计算、存储、交互等所有模块，其性能高，典型代表是Pico 4 pro，（图1-7）。

图1-6 HTC Vive产品图

（3）手机盒子头显。手机盒子头显是一种较为简单、低成本的VR设备，通过将手机放入头显中，利用手机的屏幕和处理能力来呈现虚拟内容。其特点是价格便宜、易于获取，但画质和性能相对较低。适用场景主要是让普通消费者初步体验VR，如在科普展览、学校教育等场合作为展示工具。

图1-7 Pico 4 pro产品图

谷歌于2014年6月推出的纸壳式眼镜Cardboard（图1-8）。这类设备内部没有计算平台和显示屏，使用时可将智能手机放入镜片后的托盘中，通过一对凸透镜将手机画面传送至双眼以提供三维观看效果，并通过手机内置螺旋仪检测头部转动以改变显示内容。此类设备

图1-8 Cardboard VR产品图

成本低但效果一般。

三星和OculusVR于2014年9月联手设计了 Gear VR（图1-9）。该类产品的内容输出和算法平台还是智能手机，但产品本身也内置了动作传感器，可以更精确地感知头部转动，因而比 VR 眼镜的沉浸感更强。

图1-9　Gear VR产品图

三、VR的特征

当下VR技术的实现，主要是通过一套特殊设计的头盔设备，将用户与物理世界隔绝开来，完全依靠计算机生成的环境取代用户对真实世界的感知。因此，也可以认为VR技术依赖于人类大脑所产生的幻觉，它使人沉浸在独立的时空中。因此，VR技术主要特征被概括为"3I"，即沉浸感（Immersion）、交互性（Interaction）和构想性（Imagination）。

（一）沉浸感

沉浸感是指虚拟环境通过"欺骗"人体的视觉、听觉、嗅觉、味觉和触觉等多种感官，全方位地模拟现实世界，从而给参与者带来一种身临其境的感觉。这种感觉使用户仿佛置身于一个真实的场景之中，能够感受到虚拟环境中的各种细节和变化。沉浸感的实现依赖于先进的技术手段，如高分辨率的显示设备、环绕立体声音效、气味发生器以及触觉反馈装置等。通过这些技术的综合运用，虚拟环境能够最大限度地模拟现实世界的感官体验，使用户在虚拟世界中获得与现实世界相似甚至超越现实的体验，如图1-10所示。

图1-10　《互鉴融通·交相辉映》 内蒙古民族服饰虚拟沉浸展　王介如

（二）交互性

交互性是指在虚拟环境中提供参与者人性化的人机操作界面和自然反馈，以确保用户能够以直观和舒适的方式与系统进行互动。这种交互性不仅包括视觉和听觉的反馈，还包括触觉、嗅觉甚至味觉的多感官体验，从而创造出一种沉浸式的环境。通过这种方式，用户可以更加自然地与虚拟世界中的角色进行交流，仿佛他们真的存在。

交互性的设计旨在提高用户体验的舒适度和满意度，使用户在使用过程中感到更加便捷和愉悦，如图1-11所示。

（三）构想性

构想性这一概念，主要是通过沉浸感和交互性这两个关键要素，使参与者在体验过程中能够随着环境状态的不断变化以及与之互动的行为的演变，逐渐形成对未来情境的构想和想象力，如图1-12所示。这种构想能力不仅能够激发参与者的创意思维，还能进一步提升他们的创新能力和创造力。这种构想过程不仅能够激发参与者的想象力，还能帮助他们更好地理解复杂问题，从而在实际生活中或工作中，面对类似情境时，能够更加灵活地运用创想能力，提出创新的解决方案。

图1-11 《画境之窗》VR体验项目手柄交互截图
张典 应佳鑫

图1-12 《画境之窗》VR体验项目手柄交互截图
张典 应佳鑫

第三节 AR 增强现实

一、AR的概念

AR技术是一种将计算机生成的虚拟信息与真实环境相融合的技术。该技术最早可追溯至1968年，是VR技术的一个分支。AR技术能够将计算机生成的虚拟信息有机地、实时地、动态地叠加在现实世界上，使虚拟与现实成为一个整体，从而增强用户对现实世界的感知和理解。该技术具有三个特殊的技术特性：三维配准（Registered in 3D）、实时交互（Interactive in Real Time）、融合真实和虚拟（Combines Real and Virtual）。

AR技术可以通过视觉、听觉等来增强用户对现实的感知。它可以通过手机、眼镜或其他设备来显示视觉元素、声音或其他感官信息，这些设备都是透明的或者有摄像头的，让用户可以看到真实的环境，如图1-13所示。这些数字信息叠加在设备上，创造出一种改变了用户对真实世界感知的交织体验的数字信息。

图1-13　AR示意图

二、AR的特征

AR能够把含有字母、数字、符号或图形的信息，叠加或融合到用户看到的真实世界中。其通过捕捉、识别真实环境中的标记物，将虚实融合信息实时显示在触控屏幕上，使用户能够与之交互。因此，国内外学者们认为，AR的特征包括：虚实结合、实时交互及三维注册。

（一）虚实结合

AR技术具备一种独特的能力，它可以将计算机生成的虚拟物体或信息，包括图像、声音、文字、地图等多种形式，巧妙地叠加并融入用户所处的真实场景之中。通过这种方式，用户能够在同一时空内看到和感知到真实世界中的景象以及计算机生成的虚拟元素。这种技术不仅扩展了用户的视觉体验，还增强了信息的传递效果，使原本单一的现实环境更加丰富多彩，并增强了现实环境的互动性，如图1-14所示。

图1-14　AR作品《微探》虚实结合内容
钱亦多　杨然　张子芮

（二）实时交互

AR技术为用户提供了全新的互动体验，使他们可以通过语音指令、手势动作以及触摸操作等自然交互方式，与虚拟信息进行实时的互动。用户可以轻松地进行各种操作，例如旋转虚拟物体、调整其大小、移动位置以及选择不同的选项。这种直观的交互方式极大地增强了用户的参与感，使他们能够更加深入地沉浸在虚拟环境中，拥有更加真实和生动的体验，如图1-15所示。

（三）三维注册

在AR技术中，三维跟踪注册技术扮演着至关重要的角色，它能够确保虚拟物体与现实世界中的物体在空间位置上保持一致，从而实现无缝的融合效果。目前，主流的三维跟踪注册技术主要可以分为三大类，每一种都有其独特的特点和应用场景。

首先，基于计算机视觉的跟踪注册技术利用摄像头捕捉现实世界的图像信息，通过图像处理和分析算法来识别和追踪物体的位置和姿态。这种方法依赖于计算机强大的计算能力和复杂的算法，能够在没有额外硬件支持的情况下实现跟踪注册。计算机视觉技术通常包括特征点匹配、光流法、立体视觉等多种方法，能够适应不同的环境和光照条件。

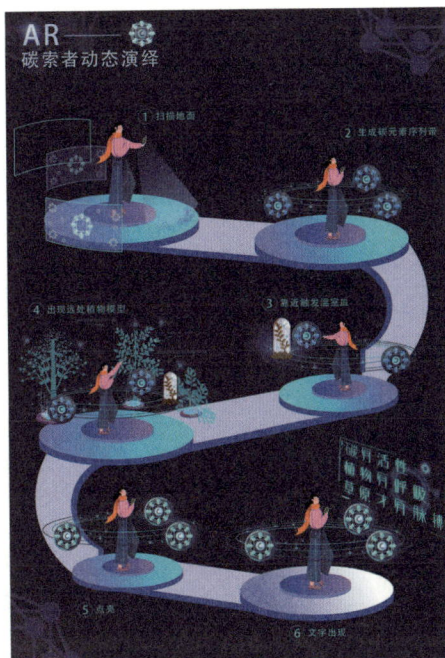

图1-15 《碳索者》AR实时交互内容
孟启月 胡灏 秦宇佳 范馨蕊 徐洋

其次，基于硬件传感器的跟踪注册技术则依赖于外部设备，如惯性测量单元（IMU）、磁力计、GPS等传感器来获取物体的运动信息。这些传感器能够提供高精度的物体的位置和姿态数据，使虚拟物体能够准确地与现实世界对齐。基于硬件传感器的跟踪注册技术在稳定性方面表现优异，尤其适用于需要高精度和高可靠性的应用场景。

最后，混合跟踪注册技术结合了上述两种方法的优点，通过综合利用计算机视觉技术和硬件传感器，以达到更高的跟踪精度。混合方法通常采用传感器数据作为初始估计，再通过计算机视觉算法进行精细调整，从而在复杂多变的环境中也能保持稳定的跟踪效果。这种技术在实际应用中表现出色，尤其是在需要兼顾精度和环境适应性的场合。

综上所述，AR中的三维跟踪注册技术通过这三种主要方法，为虚拟与现实的无缝融合提供了坚实的技术基础。随着技术的不断进步，未来可能会出现更多创新的跟踪注册技术，进一步推动AR领域的发展。具体分类如图1-16所示。

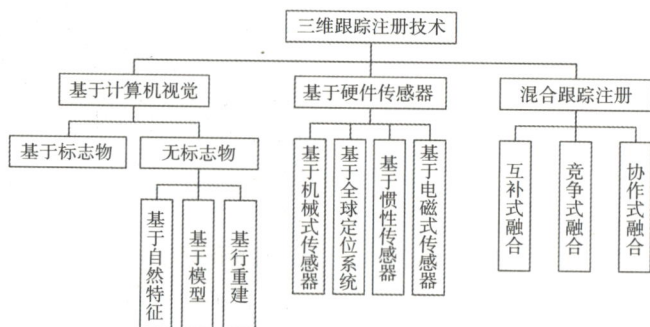

图1-16 增强现实中三维跟踪注册技术分类

三、AR的设备

在当今科技迅速发展的时代，AR技术已经广泛应用于各个领域。其中，最常见的AR设备主要是移动智能手机或平板电脑。这些设备通常被称为手持式显示器，因为用户可以轻松地将它们握在手中，随时随地体验AR带来的奇妙效果。手持式显示器因其便携性和普及性，成为AR技术中最受欢迎的展示形式之一。除此之外，AR技术还有其他多种展示形式，其中包括头戴式显示器和固定式显示器。

（一）手持式显示器

通过使用智能手机或平板电脑等移动设备，将虚拟信息显示在屏幕上，如图1-17所示。它利用设备上的摄像头捕捉真实场景，并通过计算机视觉算法来定位和跟踪虚拟信息的位置和姿态。手持式显示器具有便携性和普及性的优势，但也有屏幕尺寸、交互方式、视角稳定性等问题。

图1-17 手持平板电脑进行体验

（二）头戴式显示器

头戴式显示器，顾名思义，是通过佩戴在头部的设备来展示AR内容的。这类设备通常包括智能眼镜、头盔等。这是一种通过佩戴在头部的设备，将虚拟信息投影到用户眼前的AR设备，如图1-18所示。头戴式显示器可以提供沉

图1-18 用户佩戴Hololens 2体验作品
《古简逢今》李德亿

浸式的AR体验，但也有重量、舒适度、电池续航等问题。目前市场上较为知名的头戴式显示器包括微软的Hololens、魔力跳跃的Magic Leap以及谷歌的Google Glass等产品。

（三）固定式显示器

固定式显示器是一种通过使用桌面级显示器、虚拟镜子、投影机等固定在某个位置的设备，将虚拟信息显示在特定的平面或空间上的AR设备，如图1-19所示。它利用摄像头或传感器来捕捉用户或物体的位置和姿态，并根据空间关系来调整虚拟信息的可见性和效果，因此，用户需要站在特定位置才能体验AR效果。固定式显示器可以提供较大的视野和较高的清晰度，但也有安装成本、空间限制、用户移动性等问题。目前市面上有一些基于固定式显示器的AR应用，如虚拟试衣镜、虚拟地球仪、全息投影等。

图1-19 用户进行虚拟互动体验 戚凯

无论是手持式显示器、头戴式显示器还是固定式显示器，每种展示形式都有其独特的应用场景和优势。随着技术的不断进步，未来AR设备将会更加多样化，为用户提供更加丰富和便捷的体验。

第四节　MR 混合现实

一、MR的概念

技术的交叉发展，使AR技术与VR技术间的技术界限愈加模糊。在形式上，两者似乎分别朝着现实以及虚拟两个方向发展：AR所增强的是人类对于其所处真实环境的感知能力；VR则着眼于人类在其自身营造的数字空间中对逼近真实环境的感知体验，如图1-20所示。

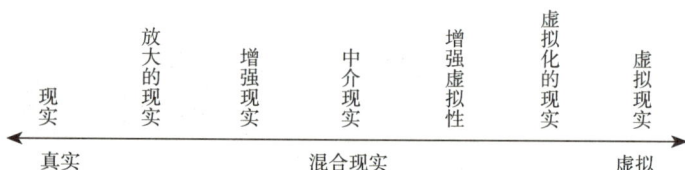

图1-20　从现实到虚拟和从虚拟到现实

MR是一种将虚拟世界与现实世界相结合的技术，它通过AR和VR的手段，创造出一个既包含真实物体又包含虚拟物体的全新环境。在这个环境中，用户可以与虚拟物体进行互动，同时也能感受到真实世界的物理存在，如图1-21所示。该技术突破了传统显示设备的局限性。用户能够借助头戴式显示器、眼镜等装置，体验并操控虚拟图像、声音以及其他感官信息。这些装置在设计上可实现透明效果，配备摄像头功能，使用户得以同时观察真实环境；亦可设计为不透明型，仅呈现虚拟世界。

图1-21　MR概念示意图

二、MR的特征

MR对于VR的发展，表现在能够将现实世界中的内容代入虚拟空间，实现虚拟环境的即时生成与构建，并保持与现实空间的协同，以虚实融合空间中的感观沉浸取代了现实体验。AR、VR、MR技术的区分见表1-1。

表1-1 AR、VR、MR技术的区分

技术类型	AR	VR	MR
用户与自然现实的交互程度	交互是基于添加到同一数字信息的现实世界	用户与现实隔离，并通过VR设备沉浸于全数字感应世界	现实世界充当投影VR的场景，用户通过设备沉浸其中
数字体验中的沉浸度	取决于AR叠加至现实中的数据密度	完全沉浸在独立平行的数字化时空	虚实融合空间中的感官沉浸取代了现实世界的原初体验
标志性设备	智能手机中的AR应用程序（例如：精灵宝可梦）	感官沉浸式的头显设备（例如：Oculus Rift）	在真实环境中投射数字信息的眼镜（例如：HoloLens）
代表公司	Google	Facebook	Microsoft
发展阶段	急剧扩张中	对初次产业泡沫的调整	实验室阶段

MR是因为AR与VR技术的融合而产生的，两者所具备的特征也同样属于MR。而MR技术在情景交融、真实感、沉浸感和构想性上将更强于VR与AR。

情景交融：MR技术可以在真实环境中叠加虚拟场景信息，或者在虚拟环境中呈现真实场景信息，使物理实体和数字对象能够共存并实时相互作用。

真实感：MR技术可以根据用户的视角、位置、姿态等信息，动态调整虚拟对象的大小、形状、颜色、光照等属性，使其与真实环境保持一致，增强用户体验的真实感。

沉浸感：MR技术可以利用先进的显示、声音、触觉等模拟技术，使用户感觉自己身临其境，与虚拟对象进行自然而直观的交互。

构想性：MR技术可以摆脱现实画面的束缚，对影像进行删减、更改、增强等操作，使用户能够看到裸眼看不到的现实，或者创造出想象中的场景。

三、MR的设备

目前MR的设备主要是以头戴式显示器为主，前文对该类设备进行过表述，目前市面上比较知名的MR头戴式显示器有微软的HoloLen 2（图1-22）以及苹果公司于2023年发布的Apple Vision Pro（图1-23）。

HoloLens 2内置高性能计算平台和电池，可以随时随地使用，轻盈，佩戴舒适，并且支持多种行业应用程序。HoloLens 2配备光波导显示技术、空间感知技术、全息处理单元、空间音频技术等，是一款具有领先技术和广阔应用前景的产品。

Apple Vision Pro 是苹果公司推出的一款先进的MR头戴显示器。这款设备不仅拥有高清晰度的显示效果，还具备了双向透视功能，使用户在佩戴时既能看到虚拟图像，也能清晰地观察到现实世界。此外，Apple Vision Pro 还支持视觉交互技术，用户可以通过手势、眼神和语音等多种方式与虚拟世界进行互动。其空间音频功能更是令人惊叹,能够提供沉浸式的听觉体验,让用户仿佛置身于一个真实的三维音效环境中。

图1-22　HoloLens 2产品图

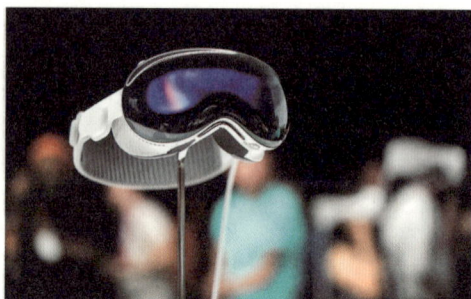

图1-23　Apple Vision Pro产品图

第五节　XR 技术发展的历程与影响

一、XR技术发展历程

XR技术的发展历程融合了VR、AR以及MR的演进轨迹。其他相关技术,特别是计算机科学的成熟,对XR技术的研发与产业进步起到了推动作用。回顾XR技术的发展轨迹,一系列具有标志性的事件历历在目,这些事件标志着从技术研发到产业化的各个重要阶段,展现了其发展的阶段性特征。

1838年,英国物理学家查尔斯·惠斯通(Charles Wheatstone)在当时发现并确定了立体图原理,向世界介绍了立体视觉的概念:人在看物体时,左右眼所看到同一个物体的图像会有微小的差别,不过大脑会将两眼的视觉信息整合成一个完整的、有深度和立体感的图像。这一研究也促使查尔斯·惠斯通创造出了立体镜(一种能显示立体图像的装置),如图1-24、图1-25所示。

1849年,布鲁斯特·戴维(Brewster David)在查尔斯·惠斯通的理论基础上发明了透镜式立体镜(图1-26),这是一种使用透镜来观

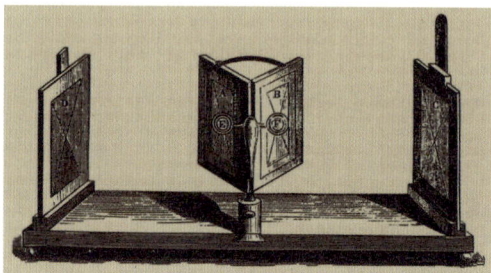

图1-24　查尔斯·惠斯通发明的立体镜

看立体图像的装置。透镜式立体镜由一个封闭的盒子和两个凸透镜组成，盒子有一个或两个开口用于引入光线，观看者可以在盒子的底部看到一个三维图像。在1851年的伦敦万国工业博览会上，布鲁斯特·戴维展示了他的透镜式立体镜，并受到了维多利亚女王的赞赏。他的透镜式立体镜后来被法国的路易·朱尔·杜博斯克（Louis Jules Dubosque）大量生产，并成为当时流行的家庭娱乐设备。透镜式立体镜也被认为是VR技术的前身之一，因为它利用了人类的立体视觉原理，让人们能够感受到深度和沉浸感。

美国的作家、诗人和医生奥利弗·温德尔·霍姆斯（Oliver Wendell Holmes）设计了一种手持的立体镜（图1-27），其比之前的立体镜更加简便和经济。手持立体镜由一个木制的装置和两个棱镜透镜组成，可以让观看者通过分开的卡片图像看到一个三维效果图像。手持立体镜后来被波士顿的约瑟夫·L.贝茨（Joseph L. Bates）改进和制造，这种立体镜在19世纪末和20世纪初非常流行，被广泛用于家庭娱乐和教育。

1901年，美国作家莱曼·弗兰克·鲍姆（Lyman Frank Baum）在科幻小说 *The Master Key* 中，首次描绘出了AR应用场景。小说中写道，一个叫罗伯特的小男孩偶然触碰到了"电之万能钥匙"，由此他可以得到三

图1-25 民众在体验立体镜

图1-26 透镜式立体镜效果图

图1-27 透镜式立体镜效果图

件礼物，其中一件是一副神奇的眼镜。戴上眼镜之后，你会在眼前的人的额头上看到一个用于标识这个人性格的标记。如果是好人，会显示G（代表good），如果是坏人，则会显示E（代表evil）。不仅能够在现实中叠加虚拟信息，还能进行物体识别，以及至今都无法做到的性格识别，可见小说中描绘的场景就是我们现在所说的AR应用场景。

1929年，美国的航空、水下考古和潜水器的先驱者埃德温·林克（Edwin Link）设计和制造了第一个飞行模拟器，其也被称为蓝盒子或飞行员训练器，可以让人们在地面上模拟飞行的条件和感觉。这是第一次利用技术来创造虚拟的环境和情景的尝试。

1935年，科幻小说家温鲍姆（S. G. Weinbaum）在其发表的短篇科幻小说中描述了小说主人公皮格马利（Pygmalion）在戴上特制护目眼镜后进入另一个世界的奇特体验。这也是最早涉及听觉、视觉和触觉等VR感官体验的描述。

20世纪50年代中期，爱折腾的美国摄影师莫顿-海利格（Morton Heilig）发明了第一台VR设备：Sensorama（1962年提交专利）。这台设备被一些人认为是 VR 设备的鼻祖。它非常庞大，屏幕固定，拥有3D立体声、3D显示、震动座椅、风扇（模拟风吹）以及气味生成器（图1-28）。可见，在早期人们对VR的理解就已经不仅限于视觉了。

1960年，莫顿-海利格提交了一项设计更为精巧的VR眼镜的专利申请，这一举措将温鲍姆小说中所幻想的设备带到了现实世界。如图1-29所示，从外形上观察，这套VR设备的设计与现代VR眼镜极为相似。然而，它仅具备了立体显示的功能，而缺乏了姿态追踪的功能。这意味着，当使用者佩戴该眼镜并试图向左右转动视线时，眼镜内的视觉景象并不会随之改变。

1968年，美国麻省理工学院的伊万·萨瑟兰教授成功研发了全球首款头戴式显示器，如图1-30所示。构建了一套名为"达摩克利斯之剑"的设备，该设备使用户能够体验到

图1-28　莫顿-海利格发明的VR设备：Sensorama

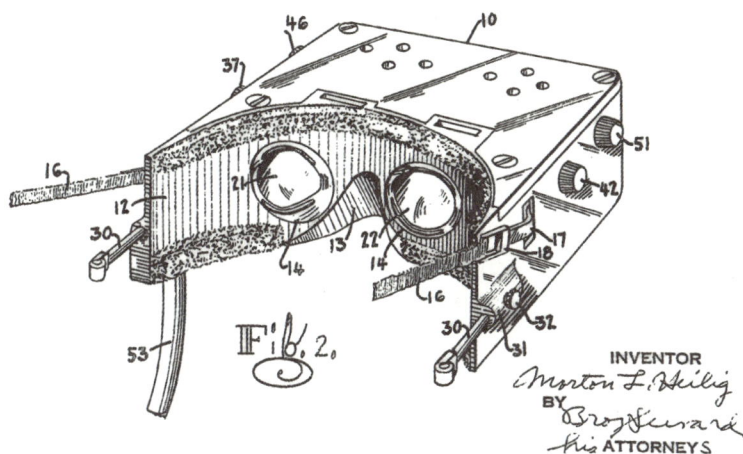

图1-29　莫顿–海利格发明的VR眼镜

沉浸式的VR环境。由于其重量较重，该设备需借助机械臂悬挂在用户头顶上方，故而得名"达摩克利斯之剑"。该系统利用超声波和机械轴技术，实现了基础的姿态检测功能。用户头部姿态的任何变化，都会被计算机即时捕捉并计算，随后生成新的图像反馈给用户。该系统亦被誉为"增强现实技术的先驱"。

　　1985年，美国国家航空航天局（NASA）的研究人员斯科特·费希尔（S. S. Fisher）先生开始主导虚拟环境工作站（Virtual Interactive Environment Workstation，简称VIEW）项目，旨在实现空间站的远程操作。依托NASA强大的科研基础和实力，VIEW项目在费希尔先生的领导下取得了显著进展，率先研发出包括三维音频技术及头部耦合显示技术在内的一系列关键VR技术。

　　1990年，钱学森先生开始接触VR技术，并迅速认识到其在人机交互和人脑潜能开发方面的巨大潜力，遂将其命名为"灵境"。他提出，灵境技术的出现和发展将极大地拓展人类的感知能力，并深化人机交互的体验，引领人类与计算机的结合进入一个全新的深度交互时代。钱学森先生于1990年11月27日致信时任国家863计划智能计算机专家组组长汪成为先生，就此展开讨论，如图1-31所示。从那时起直至1998年，钱学森

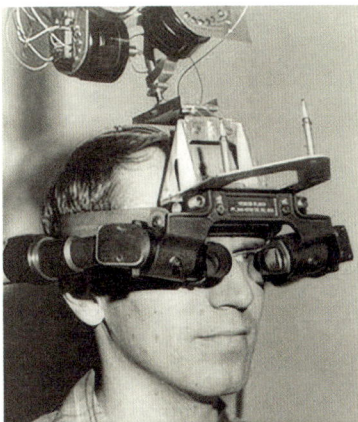

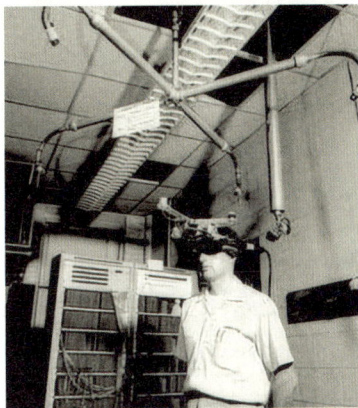

图1-30　伊万·萨瑟兰开发出了世界上第一个头戴式显示器

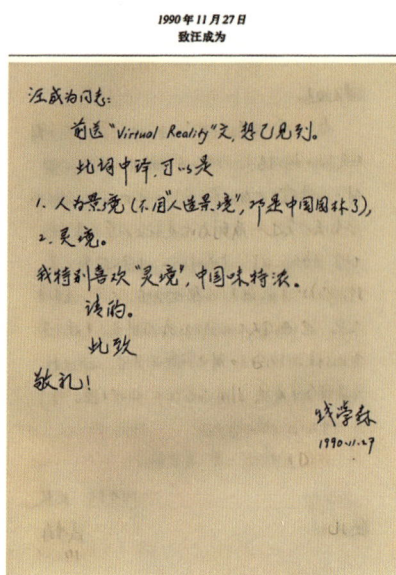

图1-31　钱学森写给汪成为的信

先生多次致信，与汪成为、戴汝为、钱学敏等科学家深入探讨VR技术。

1990年，波音公司研究员汤姆·考德尔（Tom Caudell）和戴维·米泽尔（David Mizell），提议了一种头戴式显示设备，能实现显示飞机需加固部位和对应铆钉型号等功能，使修飞机更加方便。在其论文 Augmented reality: anapplication of heads-up display technology to manual manufacturing processes中首次使用了 "Augmented Reality"（增强现实）这个词，用来描述将计算机呈现的元素覆盖在真实世界上这一技术。

1991年，游戏视频巨头世嘉（Sega）公司宣布开发完成Sega VR耳机，但这款设备从未公开发行。尽管如此，世嘉公司仍为普及VR作出巨大贡献，研发工程师从硬件着手，突破技术限制，在保证虚拟体验质量的同时降低了制作成本。

1992年，克鲁兹-奈拉（C. Cruz-Neira）等人利用当时可用技术构建VR环境——CAVE，成功克服用户怀疑及观众中心视角这两大问题。CAVE是一个四周环绕显示屏的立方体，在限制范围内它会随观众移动路径而反馈正确透视和立体投影。

1994年，艺术家朱莉·马丁（Julie Martin）设计了一出叫赛博空间之舞（Dancing in Cyberspace）的表演。舞者作为现实存在，舞者会与投影到舞台上的虚拟内容进行交互，在虚拟的环境和物体之间舞蹈，这是对AR概念非常到位的诠释，也是世界上第一部AR戏剧作品。

1999年，美国一家名为Forterra Systems（福特拉系统）的公司推出了一款 "On Live Traveler"（现场旅行者）的VR旅游系统，使人们可以在家中通过互联网体验全球旅游。自此，VR技术开始进入娱乐、教育、医疗等领域。

奈良先端科学技术大学（Nara Institute of Science and Technology）的加藤弘一（Hirokazu Kato）教授与马克·比林赫斯特（Mark Billinghurst）携手合作，共同研发了首个AR开源框架——AR ToolKit。AR ToolKit的问世打破了AR技术仅限于专业研究机构使用的局限，使众多普通程序员亦能借助AR ToolKit开发出属于自己的AR应用。

2000年，布鲁斯·托马斯（Bruce Thomas）及其研究团队发布了AR-Quake，该作品为广受欢迎的电脑游戏 "Quake"（雷神之锤）的扩展版本。AR-Quake是一款基于六自由度（6DOF）追踪技术的第一人称视角应用，该技术整合了全球定位系统

（GPS）、数字罗盘以及基于标记的视觉追踪系统。玩家需携带一款可穿戴式计算机背包、一台头戴式显示器（HMD）以及一个仅配备两个按钮的输入设备。此游戏可在室内或室外环境中进行，传统游戏中的鼠标和键盘操作被玩家在现实环境中的移动和简易输入界面所取代。

2004年，Oculus VR公司成立，开始开发VR头显。

2010年，三星公司Gear VR与谷歌公司Google Cardboard先后问世，VR设备可获得性增强，用户更广泛地探索VR技术可能性。

2012年，谷歌宣布该公司开发Project Glass AR眼镜项目。这种AR的头戴式现实设备将智能手机的信息投射到用户眼前，通过该设备也可直接进行通信。当然，谷歌眼镜远没有推进AR技术的变革，但其重燃了公众对AR的兴趣。2014年4月15日，Google Glass 正式开放网上订购。

2012年，Oculus VR推出了首款VR头显Oculus Rift，该产品通过改善延迟、画质等技术，实现了更加真实的VR体验。

2015年，HTC推出了其首款VR头显HTC Vive，与此同时，谷歌推出了Daydream VR平台，这是一个针对智能手机的VR平台。

2016年，Sony推出了PlayStation VR头显，这是一款基于PlayStation游戏机的VR设备。

2017年，WWDC17大会上，苹果宣布在iOS 11中带来了全新的AR组件ARKit，该应用适用于iPhone和iPad平台，使iPhone一跃成为全球最大的AR平台。

2018年，Magic Leap是AR领域最著名的创业公司，2018年正式发布了名为"Magic Leap One"的首款硬件产品，并宣布这款产品的开发者版本将于当年晚些时候正式面市。这款产品是经过了8年的研发和23亿美元的融资之后才推出的。

2019年，Oculus推出了Oculus Quest，这是一款无线自主VR头显，用户无须连接电脑或游戏机即可体验VR。

2019年，微软公司发布了旗下AR设备HoloLens的新一代产品——HoloLens 2。虽然外形略显笨重，但在功能和应用场景方面已经基本实现了我们对于AR的期待。

2023年，国产品牌PICO推出Pico4 pro VR一体机，具备面部追踪、眼动追踪、手势识别等功能。

苹果在这一年发布了Apple Vision Pro，这款产品被认为是苹果进入"空间计算"时代的标志。空间计算是一种将数字世界融入真实世界，从而实现AR的新的计算范式。

二、XR媒介技术发展对认知方式的影响

XR技术的发展轨迹，不仅标志着从技术研发到产业化的各个重要阶段，而且展现

了技术发展如何逐步适应人类的认知习惯。随着XR技术的不断进步，我们见证了从最初的理论探索到实际应用的全过程。这一过程中，技术不断优化，逐渐融入人们的日常生活和工作，极大地丰富了人类的感知体验。

🚀 扩展知识

麦克卢汉认为，媒介不仅仅是信息的载体，更是塑造人类感知和认知的关键力量。他提出了"媒介即讯息"这一著名论断，强调媒介本身对社会和文化的影响远大于媒介所传递的具体内容。麦克卢汉认为，不同的媒介形式会改变人类的感知方式，从而影响我们的认知结构和思维方式。例如，印刷术的发明使文字成为信息传播的主要形式，这不仅改变了人们获取知识的方式，还促进了线性思维的发展。印刷术使书籍和报纸成为信息的主要来源，人们开始习惯于通过阅读来获取信息，这种习惯进一步强化了逻辑性和条理性的思维方式。而电子媒介的出现，如电视和互联网，又带来了新的变革。电子媒介使信息传播的速度和范围大大增加，人们可以在短时间内接触到全球各地的信息。这种即时性和互动性改变了人们的感知方式，使人们更习惯于碎片化和多任务处理的信息消费模式。电子媒介的兴起使人类社会重新回到了"部落化"的状态，地球通过电子媒介重新连接成一个全球性的村落。

XR技术的广泛应用，是否可以改变传统的信息获取和处理方式？为各行各业带来了革命性的变革，推动了社会生产力的提升？通过不断的技术创新和应用拓展，是否会影响人类的生活方式和思维模式？

我们可以从以下几点展开思考。

（一）认知深度

1.提升理解与记忆

XR技术通过构建沉浸式学习环境，能够将抽象和复杂的知识内容以更为直观和生动的方式展现。例如，在地理学科的学习过程中，借助VR技术学生仿佛置身于地球的各个角落，能够真实地体验不同地区的地形、地貌和气候条件，这种多感官的体验有助于学生更深刻地理解知识内容，并加强记忆效果。类似地，通过VR技术对历史场景的复原，学生得以仿佛亲历历史事件，从而对历史的发展脉络及其细节有更为深入的认识。

2.促进技能习得

对于涉及实践操作的技能培养，例如驾驶和手术等领域，VR技术能够复现多种真实场景及紧急情况，使学习者能在安全的虚拟环境中进行大量练习，进而更有效地掌握相关技能。以飞行员的培训为例，通过VR技术模拟飞行环境，学员得以反复练习起飞、降落以及应对各种气象条件等操作，从而提高技能水平和应对实际情境的能力。

（二）认知广度

1.拓展认知边界

VR技术突破了时空的界限，让人们得以触及那些曾经难以企及或体验的场景与领域。举例来说，通过XR技术，人们能够潜入深海、遨游宇宙等，探索那些无法直接观察的自然奇观或科学奥秘；同时，人们也能游览远隔千里的博物馆、历史遗迹，领略异国文化的风采，显著扩展了认知的边界。

2.激发创造力与想象力

在 VR 创造的虚拟世界中，人们可以摆脱现实世界的束缚，自由地发挥想象力和创造力。艺术家可以在虚拟空间中进行创作，尝试各种新奇的艺术表现形式；设计师可以构建虚拟的建筑模型或产品原型，进行创新设计和优化。这种自由探索和创造的环境有助于激发人们的创新思维，培养创造力。

（三）认知模式

1.改变信息获取方式

传统的信息获取主要依赖于文字、图片、视频等二维形式，而 VR 媒介提供了一种全新的三维沉浸式信息获取方式。人们不再是被动地接收信息，而是主动地参与到虚拟环境中去探索和发现信息，这种主动式的信息获取模式使人们对信息的理解和记忆更加深刻，也增加了信息获取的趣味性和吸引力。

2.影响思维方式

VR 营造的虚拟环境可能会让人们的思维方式变得更加直观、形象。在虚拟世界中，人们需要通过空间感知、身体动作等方式与环境进行交互，这有助于培养空间思维、动作思维等能力，进而影响人们在现实生活中的思考和解决问题的方式。例如，在一些 VR 解谜游戏中，玩家需要通过观察环境、分析空间结构来找到解决谜题的方法，从而锻炼了空间思维能力。

（四）认知体验

1.增强情感投入

VR 的沉浸式体验能够让人们更加深入地投入所呈现的内容中，产生强烈的情感共鸣。比如在观看一部 VR 电影时，观众仿佛成为电影中的角色，亲身经历各种情节，这种深度的情感投入会使观众对电影内容的感受更加深刻，记忆也更加持久。在一些具有情感主题的 VR 体验项目中，如模拟亲人的生离死别场景，能让参与者更真切地感受情感的冲击。

2.改变社交认知

在 VR 社交平台上，人们可以以虚拟形象与他人进行交流互动。这种虚拟社交方式一方面打破了地域限制，让人们能够结识来自不同地区的人，拓展社交圈子；另一方面，虚拟形象的存在可能会改变人们在社交中的自我表现和对他人的认知方式。人们可能会更加注重虚拟形象的塑造和展示，同时在与他人交往时，也会受到虚拟环境和角色设定的影响，形成一种与现实社交有所不同的社交认知模式。

● 核心概念

扩展现实　虚拟现实　增强现实　混合现实

● 思考题

1.随着新的信息时代的到来，未来的生活、工作将会发生什么样的变化？

2.技术的发展离不开人，而迭代后的技术又作用于人，技术和人之间有着怎样的关系？

3.XR技术未来的发展趋势是什么？技术如何能更好地满足新需求？

4.扩展现实是一个不断发展和变化的领域，它涉及多个技术领域和应用领域。此项技术能否为生态保护作出贡献？

● 实践作业

组织学生进行一项小型调研，调查XR在各领域的应用情况，例如工业、娱乐、教育等；并收集国内外优秀案例，分析创新案例带来的数字产品竞争力。调查结果可以通过PPT以图文并茂的方式进行展示。

第二章
XR沉浸式设
计与数字产
品定位

| 教学目标 |

    本章主要目标是让学生了解、辨识沉浸式理论及XR沉浸式产品的定义及特征，理解沉浸式设计的特征，理解产品定位中需求、体验、行业的具体内容。可以较准确应用XR沉浸式产品特性知识，完成产品定位。

| 教学重点 |

1.理解沉浸概念。
2.理解XR沉浸式产品特性。
3.准确应用XR沉浸式产品定位方法，完成产品定位。

| 推荐阅读 |

[1]杰斯·詹姆斯·加瑞特. 用户体验要素：以用户为中心的产品设计[M]. 范晓燕，译. 北京：机械工业出版社，2011.
[2]李沁. 媒介化生存：沉浸传播的理论与实践[M]. 北京：中国人民大学出版社，2019.
[3]孙辛欣. 交互设计的决策规律：信息架构与行为逻辑的匹配[J]. 装饰，2016（5）：140-141.

| 教学评估 |

    依据"产品定位作业"所明确的具体要求，指导学生从技术及行业应用、市场需求与用户需求、沉浸式体验解决方案三个维度搜集资料，并安排小组进行讨论。最终，通过汇报与共享的形式，将讨论成果进行展示。通过报告分析内容评估学生对教学内容掌握程度。重点考察XR沉浸式产品特性掌握情况，以及产品定位方法的思考深入情况。

第一节　认识沉浸式设计

近年来，VR、AR以及MR等沉浸式技术的运用不断拓展了叙事的传统边界。沉浸媒介的广泛采纳为故事的表达和呈现带来了更加丰富的形式，叙事展示因此获得了全新的展现途径。随着沉浸式戏剧、沉浸式主题公园、沉浸式剧本杀等沉浸产业的蓬勃发展与持续完善，叙事活动在沉浸式体验中的多样表现和作用日益凸显。在这样的背景下，"沉浸"这一概念作为创造和追求体验的一种模式与方法应运而生。

一、沉浸的概念

"沉浸"这一概念最初于20世纪六七十年代被提出，当时作为心理学研究的主题，其对应术语为"心流"（Flow）。随后，"心流"理论在传播学领域得到发展。经过心理学、虚拟现实、传播学等领域的深入研究，"沉浸"理论最终被引入美学、设计学的研究领域。

XR技术是技术与游戏模式相结合的产物。从技术层面而言，它通过应用数字化仿真技术，将用户带入一个虚拟空间。从另一个视角来看，随着VR技术的发展，现实世界与虚拟世界之间的界限逐渐模糊，为体验者创造了一种情感上的投入，进而营造出一种沉浸感，形成了与现今所指"沉浸"相一致的"Immersion"概念。

（一）沉浸——心流（Flow）体验的由来

"沉浸"概念是美国芝加哥大学的心理学教授米哈里·契克森米哈赖（Mihaly Csikszentmihalyi）首先提出的，他发现有人在做一件事时可以高度集中到废寝忘食，不受外界信息打扰，他为了理解这种内在动机与自我活动的现象，提出了最初的"Flow（心流）理论"。米哈里·契克森米哈赖对"沉浸理论"（Flow Theory）的描述：当人们在进行活动时，如果完全投入情境当中并集中注意力，并且过滤掉所有不相关的知觉，即进入一种沉浸之状态（图2-1）。

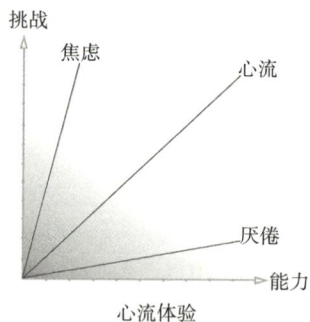

心流体验

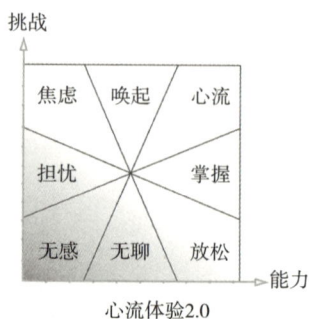

心流体验2.0

图2-1　心流体验平衡状态

在进行某项活动时，个人所展现的能力与其所面临的挑战之间需保持一种平衡。当挑战与能力相匹配时，便能进入心流状态。然而，若挑战程度极高而个人能力相对较低，便无法进入心流状态，因为此时个人能力不足以应对挑战，从而可能产生焦虑情绪。反之，若挑战程度极低而个人能力过高，同样无法进入心流状态，而是会感到无聊。因为挑战过于简单，个人应对挑战能力显得绰绰有余，毫无压力。例如，让大学生参加小学水平的考试，或在电子游戏中轻松击败简单电脑模式，这些情况往往会导致无聊的体验。

后来米哈里又继续研究，推出了2.0版本的心流体验。将整个体验空间进一步划分，得到了这样八种体验。2.0版本中很重要的一个结论是心流体验不只是能力和挑战的平衡，只是平衡是不够的，当从事的活动是低挑战同时又是低能力的时候，人们也不会进入心流体验，比如使用遥控器，下一个台的不断拨动，在过程中大家不会有任何的心理触动，叫作"无感"体验。

心流体验的特征要素有八项，包括：①明确的目标；②及时的反馈；③挑战与能力平衡；④控制感；⑤摒除杂念；⑥集中当前任务；⑦自我意识消失；⑧时间感歪曲（图2-2）。前三项是心流体验的条件因素，因为这三项是触发心流的前置条件，第四项、第五项和第六项叫作心流体验的过程因素，因为控制感和摒除杂念常常是在心流体验过程中发生的。最后两项叫心流体验的结果因素，因为这是产生心流体验之后的两个现象。值得一提的是并不是说这些特征需要同时具备才能达到心流状态，这些都不是必要条件，而只是充分条件。

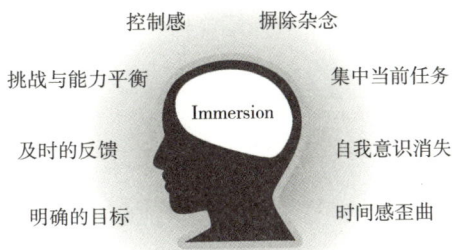

图2-2　心流体验的特征

（二）沉浸（Immersion）

后来"心流体验"被运用到媒介传播中，1996 年，多纳·L.霍夫曼（Donna L. Hoffman）和托马斯·P.诺瓦克（Thomas P. Novak）首次将"心流体验"的概念与网络导航相结合，他们二人合作提出"用虚拟来更好地理解真实世界"的理念。也是在传播媒介与心流体验结合运用中，产生了"心流（Flow）"与"沉浸"（Immersion）的区别，对空间环境开始提出要求。

"沉浸"（Immersion）是强调对造成这种沉浸的环境的一种研究。20 世纪末，融合了各种多媒体技术的产品陆续产生，比如数字交互、人工智能、VR等，它们都能以模拟仿真方式为用户创造一个实时动态的三维图像世界，以视、听、触、嗅等逼真感知和互动体验，让人产生沉浸感。多媒体传播使"沉浸"概念延伸，出现了"Illusion of Immersion"，即用多媒体的手段作用于人的身体，让人完全沉浸在虚拟环境当中，并与之产生交流和互动，让人产生出一种类似于跨越时空的幻觉。

这种沉浸感可以分为三个层次，分别是信息沉浸、感官沉浸和大脑沉浸（图2-3）。

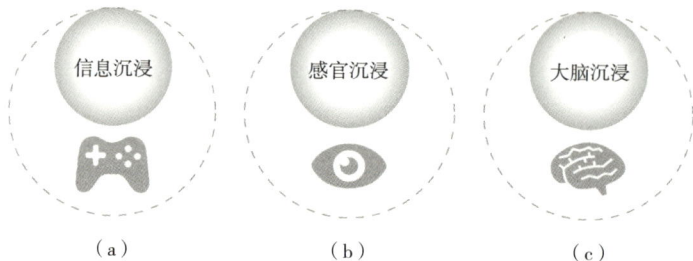

| （a） | （b） | （c） |

图2-3　沉浸感的三个层次

信息沉浸指的是我们会沉浸在能够关注到的信息之中，比如玩游戏、玩微信，都是一种信息沉浸。而更深一点的沉浸感叫作感官沉浸。感官沉浸是指我们的所有器官一起协同感受沉浸，所有的器官、所有的知觉都相信这是真的，最典型的例子就是科技界热炒的VR。最后一个沉浸层次叫作大脑沉浸。这种沉浸让大脑觉得这就是真的，不像是VR那种，虽然很真实，但我们自己还是知道这其实是虚拟的。但是这种沉浸感目前还没有实现，目前我们能体验到的可能就只有做梦，还有比较接近这种沉浸感的就是科幻电影，如《盗梦空间》《黑客帝国》。

（三）沉浸（Immersion）与心流（Flow）比较

沉浸（Immersion）更偏向一种"身临其境"的感觉，比如从事像听故事、看电影、听音乐这类的一些事情，让人会产生一定的联想意象，有很强的代入感。从技术角度来看，就是通过运用数字化仿真技术，将用户置入虚拟空间中。为体验者营造出一定的情感投入，营造一种沉浸感。

心流（Flow）更偏向一种"全神贯注"的感觉。心理学家米哈里创建的心流理论，最初是通过研究人们幸福感的来源，通过大量的访谈发现了这种共有体验——心流体验。具体含义是"我们沉浸在当下着手的某件事情或者某个目标时，全情投入并享受其中，从而体验到的一种精神状态。"

从感知体验和认知体验上，沉浸感也更偏向感知体验，一些感官的体验刺激促使我们进入沉浸，让我们更加融入当前的一个环境当中。而心流更偏向认知体验，一些较强的认知行为获得及时反馈后带来的精神状态（图2-4）。

在沉浸式设计中，不仅要注重创造一种强烈的沉浸感，使用户仿佛置身于一个全新的环境或体验之中，还需要确保用户在使用过程中能够达到一种心流状态。沉浸感和心流状态是相辅相成的，缺一不可。只有当两者同时具备时，沉浸式设计才能真正发挥其最大的作用，带给用户无与伦比的体验。因此，在设计过程中，设计师需要仔细考虑如何通过视觉、听觉、触觉等多种感官元素的综合运用，以及如何通过合理的任务设计和反馈机制，引导用户自然而然地进入心流状态，从而达到沉浸式设计的最佳效果。

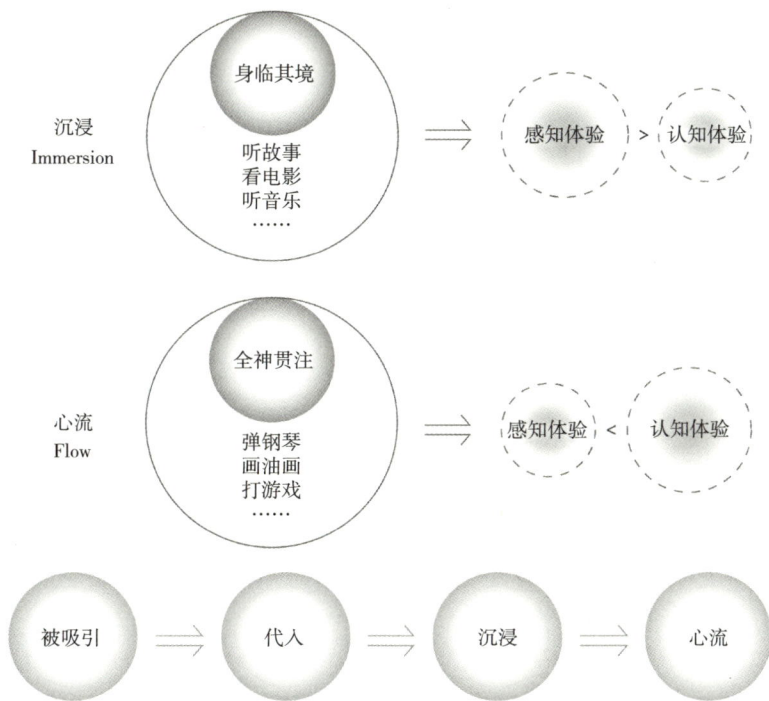

图2-4 沉浸与心流的比较

二、沉浸性设计的内容

随着诸多学者对于VR的媒介特征的研究，一方面，沉浸式设计不但被应用于各种领域，比如电影、游戏等；另一方面，为了进一步构建沉浸媒介的美学范式，从各种不同的视野下讨论沉浸性的观点也越来越成熟。有学者认为在临场感知的维度上，受众与对象、场景和事件之间的距离和边界被彻底改变，受众感觉自己就是事件的亲历者，从而产生情感上的"连通与共在"，最终使观者产生"情感错位"，并在传播上实现"共情效应"；也有学者认为沉浸媒介的交互叙事突破了传统影像的线性叙事方式，进一步增强了VR的叙事效果。至此，我们可以总结出沉浸媒介的主要设计内容，包括：第一，要求体验者全身心地参与叙事；第二，高度自由的交互机制赋予人们更深的情感诉求；第三，空间场景的合理布局能够增强体验者的沉浸感。基于上述三个内容，本书从叙事、交互、场景三个角度展开探讨和教学（图2-5）。

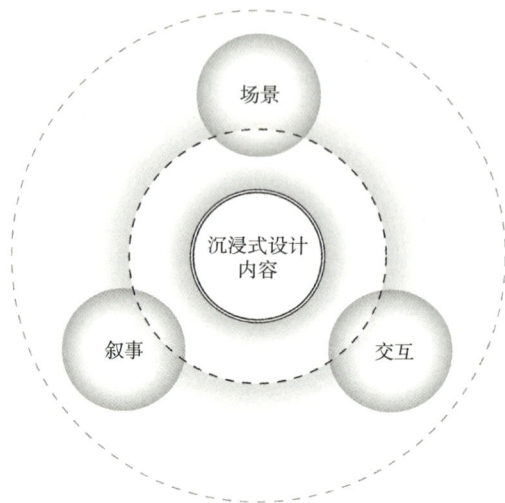

图2-5 沉浸式设计的三个内容

（一）沉浸性设计中的叙事

沉浸技术与沉浸式叙事的结合正在推动新一代沉浸式产业和模式的创新。用户不再是被动的接受者，而是积极的参与者，掌握着故事体验的主导权。随着技术与叙事的不断融合，场景应用也在持续迭代，沉浸式叙事逐渐成为探讨"叙事性"体验的一种重要方式，受到了社会各界的关注。与传统叙事形式相比，沉浸式叙事通过数字仿真技术重现现实场景，创造出具有沉浸感的叙事空间，同时借助软硬件技术，实现了用户与叙事环境的深度互动，展现出广阔的发展潜力。

（二）沉浸性设计中的交互

在描述VR相关概念时，交互性与沉浸性常常同时出现，沉浸式体验中包含了交互行为，因此，沉浸感的形成离不开交互。基于这一点，交互可以被理解为游戏体验者通过游戏界面进行选择并获得相应反馈，从而展现出的体验者与游戏之间的互动关系。因此，我们将从交互的角度出发，分析体验者感知模式的变化问题。

（三）沉浸性设计中的场景

在虚拟环境中，场景的构建对于营造沉浸感至关重要。从技术层面来看，VR游戏场景利用高精度的次世代建模技术，通过视觉元素的巧妙运用，例如色彩、形状、光影等，能够引导用户的视线，赋予场景更强烈的空间感和立体感。此外，听觉元素，包括音乐和声音效果，也为用户提供了更为丰富的感官体验，增强了场景的真实性和沉浸感。然而，对"场所"的理解不应仅限于其物理属性。要使这些感知元素充分发挥作用，关键在于它们能与用户的大脑产生有效地互动，即身体、意识与空间的相互感知。这样，我们对场景的物理维度的视觉冲击便转化为情感层面的"情景"，即体验者的审美意识与审美对象之间的相互作用。由此产生的临场感便是沉浸感的体现。

三、沉浸四要素

如何实现更佳的沉浸感呢？这要求我们让用户完全沉浸在特定体验之中，通过多种元素和方法，营造出一种身临其境的氛围。关键要素主要包括四个方面：叙事性、交互性、仿真性和包裹性，如图2-6所示。

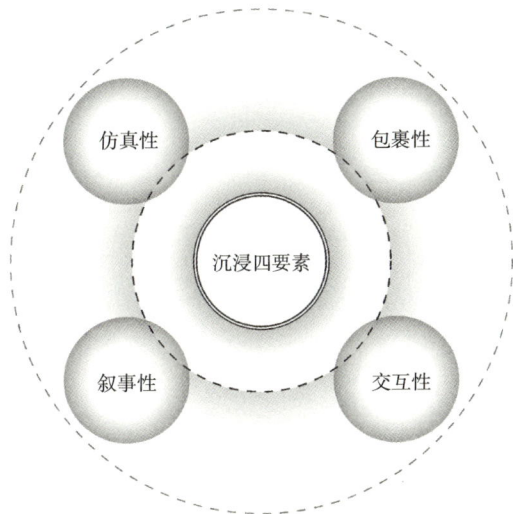

图2-6 沉浸四要素

（一）叙事性

VR技术通过营造沉浸式体验，使用户宛如置身于故事或场景之内，此体验能够强化用户的参与感与情感共鸣。借助周密设计的虚拟环境，用户得以更深入地领会和体验故事的脉络，进而增强故事的吸引力与影响力。

（二）交互性

VR技术的交互性允许用户与虚拟环境进行互动，这种互动可以是直接的物理操作，也可以是语言命令，甚至是情感反馈。这种互动性增强了用户的参与感，使用户能够更加积极地参与到虚拟世界中，从而获得更加真实和丰富的体验。

（三）仿真性

仿真性是沉浸式媒介技术的核心特征之一，它通过模拟真实世界的物理规律和环境，使用户仿佛身处真实的环境中。这种仿真性不仅包括视觉和听觉的模拟，还包括触觉、嗅觉等多感官的模拟，从而使用户获得更加真实和全面的体验。

（四）包裹性

包裹性指的是沉浸式媒介能够全方位地包裹用户，使用户完全沉浸在虚拟环境中。通过头戴式显示器、手柄等设备，VR技术为用户提供了一个封闭的、与外界隔绝的虚拟空间，从而使用户能够更加专注于虚拟世界的体验，获得更加真实的沉浸感。

这四个关键要素共同构成了沉浸式媒介的核心，使用户能够在虚拟环境中获得更加真实、丰富且深入的体验。随着技术的不断进步，这些要素将实现更深层次的融合与提升，沉浸式设计将为用户带来更加极致的VR体验，也将成为未来特有的一种体验经济。

> 🏅 **扩展知识**
>
> 体验设计（Experience Design）指的是以参与活动的人为主体，强调人在场所中的真实体验，从而创造能使人产生愉悦体验的人性化现实或虚拟空间。伯德·施密特（Berndh Schmitt）博士在《体验式营销》（*Experiential Marketing*）一书中提到体验式营销是从消费者的感官（Sense）、情感（Feel）、思考（Think）、行动（Act）、关联（Relate）五个方面，重新定义、设计营销的思考方式。
>
> 体验经济是继农业经济、工业经济、服务经济之后的人类经济生活发展的第四阶段。派恩二世（Pine II）认为，所谓体验经济，就是一种以商品为道具，以服务为舞台，通过满足人们的体验而产生的经济形态，是一种最新的经济发展浪潮。从根本上说，体验经济与产品经济、服务经济一样是生产力发展与人们需求不断升级、相互作用的产物。

四、XR沉浸式设计的行业应用

XR沉浸式设计是目前各大领域追求的最高阶段，当前已出现众多沉浸式设计项目，沉浸式体验主要被应用于文博展示、影视场景、人文教育、旅游娱乐等行业。

（一）文博展示

传统博物馆展览侧重于文物和非物质文化遗产，出于保护文物的目的，用户虽可近距离观看展品，但囿于物理空间，通常无法对展品进行360°全方位观赏。更为重要的是，传统陈列方式难以实现用户与展品间的深层次交互，传统静态文化遗产展陈游览的体验日益固化，无法满足游客对于文化遗产内容获取和交互体验升级的需求。近年来，随着5G时代的到来以及AR/VR技术的成熟与发展，许多博物馆尝试通过这些新兴科学技术将馆内的藏品以多种形式，全方位、立体化地进行展现，随着技术的不断成熟，对AR/MR技术的熟练应用将增强虚拟内容在实践环境的匹配度，并提升实践内容在虚拟环境中的表现力。

利用沉浸式设计，为用户创造一种身临其境的感受。通过VR、AR和MR等技术，用户可以沉浸在一个数字化的世界中，与展览中的艺术品和文化场景进行互动。这种沉浸式的参观方式使用户能够更加深入地了解作品背后的故事和意义，从而提高他们的参与度和兴趣。还可以模拟特定人物进入虚拟化的艺术世界或历史环境，以第一人称视角沉浸于展览的文化背景中，体验展览内容、全方位观赏展品，从而理解展览的深刻内涵，激发共鸣。在文化遗产数字展陈场景中，MR终端还可实时收集终端使用者看到的博物馆展陈数据，并经过算法实时叠加虚拟图像，为文化遗产数字化沉浸式交互展览增添更多交互与虚拟体验内容。利用VR技术对历史场景进行还原，让游客亲身参与历史场景、过程，使博物馆体验更加丰富、深入人心。

（二）影视场景

VR技术的引入为影视行业的用户带来了前所未有的沉浸式观影体验。当前影视创作中的沉浸式设计多以VR电影的形式体现，VR电影是VR技术与电影艺术结合形成的新兴电影形态，与传统电影最大的区别在于视角广度的不同。传统电影受到摄像机镜头"画框"的局限，用户的视角仅能跟随镜头视角被动移动。利用3D建模和VR技术，可以构建出360°的沉浸式虚拟环境，用户可在其中自主改变观看视角，这不仅大大丰富了电影中的视觉信息，还能让用户感受到传统电影无法提供的自由度。在VR电影中，用户不再是被动接受故事情节的旁观者，而是可以主动探索故事发生的环境，甚至与之互动。这样的观影方式极大地增强了用户的参与感和沉浸感。除了视觉上的震撼，VR全景360°电影还提供了一定程度的交互性。在某些VR电影中，用户可以通过手势或声音与影片中的角色或物品进行简单的互动，这种交互性的增加使观影体验更加丰富和个性化。同时，当用户能够以第一人称视角体验电影情节时，更容易产生情感共鸣，感受到角色的喜怒哀乐，如图2-7所示。

图2-7 《品物无形》VR影片截图 韩婧婕

（三）人文教育

相比传统的教学方式，XR技术具有情境感知、感觉代入、自然交互和编辑现实等特征，其在教育领域的应用具有人本性、智能性、交互性、生态性和生成性等教育应用特性。具体表现为：①可为学习者提供智能教育产品设计；②更有利于游戏化学习的实施；③可创设智慧的学习环境；④可优化创客教育、设计教育、特殊教育等的实施。

通过沉浸式设计可综合得出多种沉浸式解决方案，为学生带来身临其境的沉浸式学习体验；同时，此类教学形式可借助3D模型模拟历史事件或虚拟场景，使传统教学叙事中口头难以表述的细节得以生动呈现。对AR、VR及MR在教育领域的运用，已有大量学者、企业机构进行深入研究，积累了大量案例，主要分为知识教育、技能训练及学习活动效能支持三个方面。XR的出现及其在教育领域的广泛应用，打造了丰富而有吸引力的学习体验，为学习者提供了新的数据分析及展示提取方式。同时，还大大扩展了学习者的信息获取渠道，从不同角度和感知通道感知所感知的现实世界（虚拟和现实无缝融合的泛现实世界），为学习者提供个性化的现实和学习支持，服务于学习者的个性化学习需求，减轻了学习者的学习认知负荷，如图2-8所示。

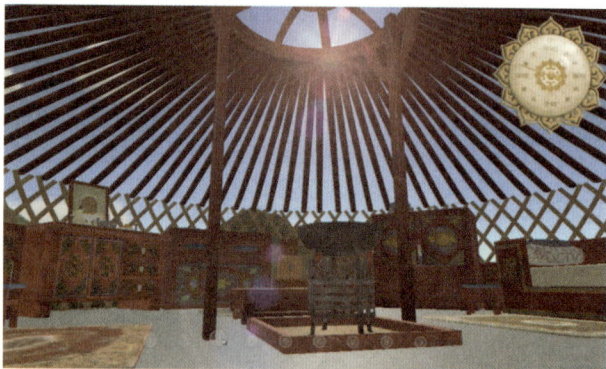

图2-8 蒙古族马鞍VR教育产品开发
（HTC版）王硕

（四）旅游娱乐

随着科技的持续发展和消费者需求的提升，沉浸式体验已经成为旅游、演艺领域的新兴趋势。越来越多的著名景点开始采用"沉浸式"这一标签。沉浸式体验正逐渐成为旅游演艺项目吸引游客的核心策略。从白天的景区游览到夜晚的戏剧表演，沉浸式演艺、沉浸式夜游、沉浸式戏剧等创新模式不断涌现，为游客提供了前所未有的感官享受。这种体验将传统的观光游转变为深度体验游，其独特之处在于打破了传统观演关系中的"第四面墙"，消除了剧场舞台的界限，促进了演员与观众之间的互动，激发了感官体验，强调了身临其境的感觉，使游客成为故事场景的一部分。游客不再是被动的旁观者，而是成为景区故事中的积极参与者。在精心设计的环境中，游客可以与历史人物进行对话，参与有趣的互动游戏，甚至在虚拟现实中穿越时空，体验不同文化的魅力，理解不同文化的内涵，感受独特的文化氛围。游客在参与故事发展的同时，甚至成为故事的一部分，从而产生了一种独特且完整的沉浸式体验。这种强烈的参与感和体验感使游客对景区的记忆更加深刻，并且更愿意为这种独特的体验支付费用，如图2-9所示。

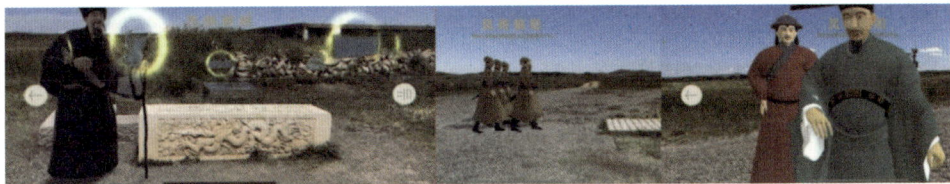

图2-9 《大安阁遗址》AR项目截图　高颂华　赵雪　刘雅楠

第二节　XR 沉浸式数字产品定位

如何实现XR沉浸式数字产品的精准定位？什么是数字产品？可能有很多人不知道，其实这并不难，只要掌握一些基础技巧就可以了。

一、认识XR沉浸式数字产品

数字产品与传统产品有区别？XR沉浸式数字产品有何特性？我们先将XR沉浸式数字产品的定义与传统产品的定义做一个区别的分析，便于我们加深对数字产品的了解程度。

（一）传统产品的概念

从传统营销学的意义上讲，可以把产品分成三个层次：核心层、形态层、延伸层（图2-10）。

核心层：产品的基本功能或效用。

形态层：产品的外在表现，如外形、质量、重量、体积、视觉、手感、包装、商标和厂牌等。

延伸层：产品的附加价值，如服务、承诺、身份、荣誉等，是针对产品本身的商品特性而产生的各种服务保证。

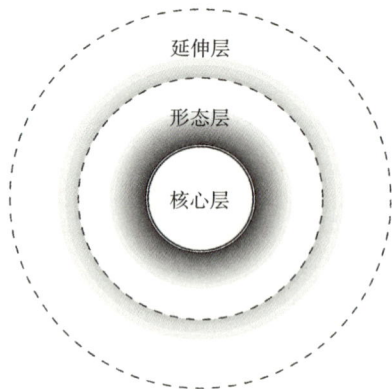

图2-10　传统产品设计模型图

（二）沉浸式数字产品的概念

数字产品，是由两个名称构成，"数字"修饰"产品"，反映了产品的数字特征。产品是数字的、数字形式的，意味着这个产品是以计算机存储、加工信息的方式生产的。这样生产展示的产品没有实物，而是一种无形产品。从功能看，它是一种以传递信息为目的的信息产品。有狭义和广义之分。狭义的数字产品指基于数字格式的信息内容或通过因特网以二进制比特流方式传输的产品。狭义的数字产品不需要物理终端作为载体。而广义的数字产品除了包括狭义的数字产品外，还包括基于数字技术的电子产品或者依托于一定的物理载体而存在的智能设备。

我们所制作的数字产品类似VR、AR等便属于有载体的、广义的数字产品。

沉浸式数字产品，是指利用沉浸式体验技术，使人沉浸在虚拟世界里，配合软件程序的运作与同步，使人产生身临其境的感觉的数字产品。最典型的产品就是当前比较流行的VR、AR、MR等相关产品。

XR沉浸式数字产品比起传统产品可总结出以下几点特性。

（1）技术应用的比重不断强化。随着信息技术的升级，产品的开发不再局限于物，市场流通方式由商品交易转为交互传播，行业与市场方面相应的开发理念也更多转向数字技术应用和虚拟服务提升。

（2）体验设计比较大。心理体验随着数字技术的大量普及与渗透，为获得多维度的精神满足与愉悦的心理感受，通过数字化技术提升用户的体验质量。VR、AR、MR的沉浸式体验技术改变了传统媒介的线性叙事方式，强调用户的主动性与能动性，打造沉浸式体验，将我们对于图像的理解转变为一个基于时间轴的多感官交互空间。这种数字体验产品，需要更多地站在消费者的感官、情感、行动角度展开产品定位。

（3）实时互动成为核心竞争力。当5G时代来临时，随着高带宽和低延迟技术的普及，以AR和VR技术为主导的沉浸式产品将会有突破性的增长。同时带来的是用户实时互动需求的满足。用户可以同时实现在线体验和互动，实现更深入的沉浸感与社交互动性，用户互动频率和深度将进一步提升。

二、XR沉浸式数字产品的定位

什么是产品定位？产品定位，是满足目标消费者需求的重要工作。产品定位就是一个从知己知彼，到创造、培养产品特色的过程，是产品设计的基础。同时，对于同学来说也是一个集市场需求、行业需求、技术特点、用户分析为一体的思维方式，其涉及了解多学科知识及应用经验，以及整合创新设计能力。

XR数字产品设计的精准定位，除了符合产品定位的设计原则外，对XR沉浸媒介特点的了解也较为重要。除了对市场、企业、消费者和竞争者进行分析外，能正确地掌握XR数字产品的特性，也是非常必要的。为了方便理解和执行，产品设计需要考虑影响因素，其被归纳为"人因""商业""技术"三个方面（图2-11）。

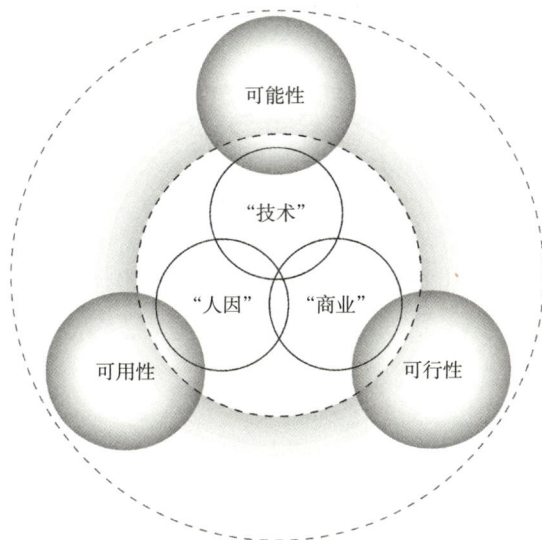

图2-11 XR数字产品设计的精准定位因素总结

首先，一个好的产品需要满足用户需求，这也是产品定位的核心内容。所以，在进行产品设计之前，考虑客户内容了解、产品体验、价值认同等方面的"人因"因素，是我们产品定位的基础。一旦我们了解"人因"部分，我们就可以根据客户多方面需求，考虑到产品的内容、功能、风格、使用方法等因素。这样才能设计出一款具有可用性的数字产品。

其次，产品定位要充分考虑产品"商品"因素。消费者购买商品，不只是购买商品的本身，可能是购买商品的使用价值。如化妆品的定位是美白、祛斑等，只有满足了需求才具有产品商业价值。所以明确分析使用价值、使用功能，才能保证产品定位具有可行性。产品定位一定能解决商品使用问题才是王道。

最后，需要充分了解产品优势，也就是对于数字产品定位来说特殊一项——"技术"因素。沉浸式数字产品具有时效性强、临场感强、沉浸感强等优点。其造型（款式）、结构、性能、使用、价格等，都区别于其他竞品。所以只有正确选择媒介，以及充分发挥媒介特点，产品设计才有可能性。

三、产品定位的步骤

定位是一个复杂的设计过程，为更好地学习掌握，现归纳为两个步骤，即调研分析和归纳定位。

（一）调研分析

步骤一：围绕行业现状、用户需求、解决方案展开调研分析。

值得注意的是，人因、商品、技术因素在很多层面上不是单独存在的，而是相互融合的。所以在数字产品定位时，需要对多个因素的融合点进行分析、归纳，才可以更准确地进行数字产品定位。在多个影响因素的相互影响下，需要注意技术应用、用户需求、沉浸体验等方面问题（图2-12）。

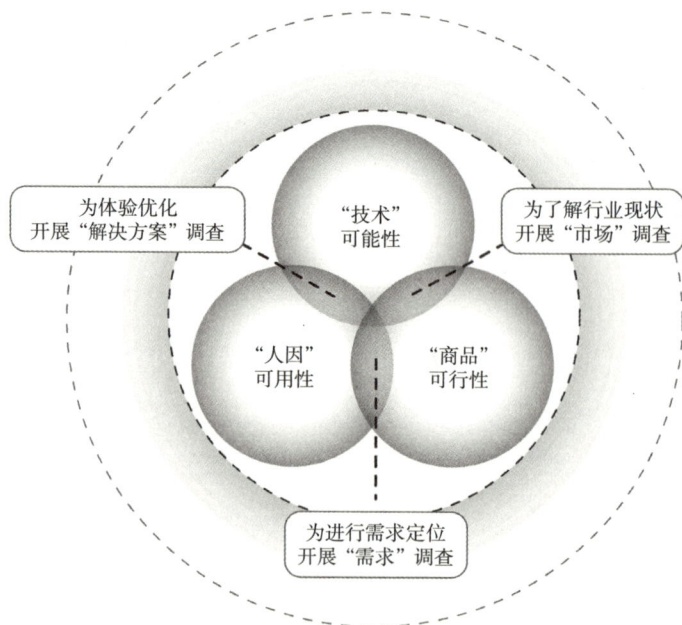

图2-12 产品定位的步骤设计逻辑

1.调查最新技术及在行业应用现状

系统性地搜集行业内的最新技术资讯，深入理解行业产品的当前状况及发展趋势。涵盖但不限于技术产品的最新发展动向、行业内表现卓越的应用实例，以及设计机遇的最新演变等。这些资讯将为我们提供宝贵的洞察力，协助我们作出明智的决策。通过广泛而细致地调研，我们旨在深入探讨并解答三个核心问题：这个行业具体由哪些品牌和产品构成？这些产品各自具备哪些独特优势，使它们在市场上脱颖而出？未来几年，这个行业将如何演变，其趋势和潜在变化是什么？

通过详细的问题解答，我们能够深入理解并真正洞察到最新技术及其在各个行业应用中的现状。这种深入的分析和探讨不仅让我们了解技术的前沿进展，还能帮助我们掌握这些技术在实际工作中的具体应用情况。通过这种方式，我们可以更好地评估技术的潜力和局限性，从而为未来的决策和规划提供有力的支持和依据。

2.调查市场与用户需求情况

数字产品定位的关键之处在于需求"明确"，因而我们首先进行深入的调研，以建立对市场宏观环境、市场需求、用户行为、心理特征、技术优势等的认知，系统性地搜集或调研产品的用户需求，涵盖国家战略、区域发展以及用户的内容需求和使用需求。从而有一定的把握回答两个最关键的、也是最基本的问题——市场需求和用户需求，进而准确构建产品的定位。为确保更精确地识别核心需求，通常在问题导向的框架下开展调查工作，涵盖以下方面。

（1）WHO——做给谁。"做给谁"是要为自己找到合理的市场位置，确定好自己的服务对象，明确目标用户，一般通过用户画像来清晰化需要服务的特定人群的形象，为产品定位提供重要的决策依据。最终来确定目标用户定位。

（2）WHAT——做什么。用户有什么需求？产品需求定位涉及确定用户需求，提供产品的综合描述，强调其对用户的价值和解决问题的能力。这可能基于产品的特定属性，如质量、设计、性能或其效用，例如内容、娱乐、文化体验等。同时，产品定位也需考虑消费心理，如追求新奇、偏好或便利性。产品需求应满足基本使用需求和投资用户的高层次需求，包括文化、区域发展和环境保护。最终来确定产品需求定位。

（3）HOW——做啥样。在描述产品发展目标时，首先需要确定一个参照点，即产品的潜在竞争对手。这个参照点至关重要，因为它有助于确保产品发展的主要方向不会偏离正轨。除了这一基础步骤，还必须综合考虑产品、企业、消费者以及竞争者的特点。具体来说，这包括产品的独特属性、企业的创新精神、消费者的需求偏好以及竞争对手在市场中的定位。只有当这四个要素协调一致时，我们才能准确地为产品定位，并据此确立其发展目标。

⚡ 扩展知识

　　产品经理在思考产品版本，尤其在产品从0到1时，应该先去了解产品定位。一般而言，产品定位采用五步法：满足谁的需求（Who），他们有什么需求（What），产品是否满足需求（IF），如何去满足需求（Which），如何去推广（How）。

　　顾客在购买产品时，总是为了获取某种产品的价值。产品价值组合是由产品功能组合实现的，不同的顾客对产品有着不同的价值诉求，这就要求提供与诉求点相同的产品。在这一环节，需要调研需求，这些需求的获得可以指导新产品开发或产品改进。

3.收集分析沉浸体验方式

　　对现存的国内外解决方案进行全面的资料搜集与分析，从审美形式、技术应用、交互方式等多个维度进行考量。结合具体语境进行深入研究，深入挖掘并分析其中的设计理念、认知逻辑、用户行为、文化表达以及价值要素。通过多维度的综合思考，探究人机交互的核心因素。通过"解决方案"资料分析表，对分析结果进行归纳总结（表2-1）。

表2-1　沉浸体验解决方案分析表

项目名称			
审美形式		用户行为	
交互方式		认知逻辑	
技术应用		设计观念	
价值点 （特殊性、创新点）			

（二）归纳定位

　　步骤二：归纳人因、技术、体验因素，进行产品定位。

　　在完成一系列详尽的调研程序后，为沉浸式数字产品的市场定位提供了全面的商业分析、技术评估以及深入的"人因"影响因素资料。基于这一坚实的基础，我们得以依照选定的主题范围，展开战略性的规划。我们将对项目名称、用户需求以及产品目标进行精准而简洁的概述。

　　通过战略分析表（表2-2），我们以深入且明确的方式阐述了目标用户群体、用户需求、技术应用与沉浸体验方式，确保设计能够满足市场需求并解决以往设计中存在的问题。战略分析表不仅有助于我们与教师和团队成员进行有效沟通，还能够不断验证我们的目标和假设，确保项目方向的正确性。通过这种方式，我们可以确保每个团队成员都对项目的核心目标有清晰的理解，并且能够在后续设计实际工作中为具体设计工作提供方向。

表2-2　战略分析表

分析类别	分析内容
项目名称	
市场与用户需求	
技术应用方式	
沉浸体验方式	
产品目标	

● 核心概念

沉浸式设计概念　XR沉浸式产品特性　XR沉浸式数字产品定位的步骤

● 思考题

1. 沉浸式数字产品定位与沉浸式体验之间存在怎样的联系？

2. 如何确定一个XR沉浸式数字产品的目标市场和用户群体？

3. 在XR沉浸式设计中，如何在技术可行性和创意表达之间找到平衡点？请举例说明一个成功的XR项目是如何实现这一平衡的。

● 实践作业

作业一：对现存的国内外解决方案进行全面的资料搜集与分析，从审美形式、技术应用、交互方式等多个维度进行考量，制作沉浸体验解决方案分析表。

作业二：根据设计选题，明确目标用户群体、用户需求、技术应用与沉浸体验方式，制作战略分析表。

第三章

沉浸式叙事

| 教学目标 |

本章主要目标是让学生认识沉浸式叙事概念，理解叙事构成要素，并掌握沉浸式叙事的设计流程和要点，可以应用叙事素材库、叙事信息框架、叙事草图等方法，完成叙事主体、叙事主题、叙事结构、叙事线索、叙事形态的选择与规划，最终能够输出有关沉浸式体验的叙事设计方案。

| 教学重点 |

1.理解沉浸式叙事设计概念与特性。
2.熟练掌握并灵活应用沉浸式叙事设计流程。

| 推荐阅读 |

[1]玛丽−劳尔·瑞安.故事的变身[M].张新军，译.南京：译林出版社，2014.
[2]王红，刘素仁.沉浸与叙事：新媒体影像技术下的博物馆文化沉浸式体验设计研究[J].艺术百家，2018，34（4）：161−169.
[3]徐迎庆，图拉.沉浸式叙事视角下的中华文化数字化传承与传播[J].包装工程，2023，44（2）：1−8，68.

| 教学评估 |

依据"沉浸式叙事作业"的详细要求，指导学生遵循沉浸式叙事的设计流程进行创作，并安排小组讨论，最终通过汇报和共享的方式，对沉浸式叙事方案的成果进行评估和讲解。通过分析学生的设计方案，评估他们对教学内容的理解程度，特别关注他们对沉浸式叙事设计理念及其特点的掌握情况，以及在应用沉浸式叙事设计方面的掌握程度和创新能力。

第一节 认识沉浸式叙事

当你在读小说时，有时会被故事深深吸引，以至于暂时忽略了周围的环境，仿佛置身于故事所发生的时空；直到回过神来，才意识到自己刚才"沉浸"在了故事当中——这就是所谓"沉浸感"。人们用故事传承文明、传播理念、解释现象、消磨时间。故事是如此重要且普遍，以至于每有新的媒介出现，人们都会尝试用它讲故事。VR、AR等技术加持下的沉浸式媒介也不例外。

一、沉浸式叙事的概念

叙事（Storytelling）即对故事的讲述，这些故事既可以是真实的历史或个人经历，也可以是虚构的神话、小说或电影。叙事可基于多种途径传播，口耳相传、音乐、舞蹈、绘画和文字均为传统的叙事媒介。叙事是人们之间有效交流、认识世界和感知生活的有效方式。作为人与人之间最古老的体验，叙事的存在可以使人与人之间的交流和信息传达更加高效、便利。人们在交流过程中分享自己的体验和感受，更好地认识世界，感知生活。

关于沉浸的研究，其实伴随叙事文化的出现便一直存在着，早期的口头讲述者所制造的世界也算是一种沉浸。"叙事沉浸"这一概念是瑞安于1991年在《可能世界、人工智能和叙事理论》（*Possible Worlds, Artificial Intelligence, and Narrative Theory*）一书中提出，瑞安肯定了文学中的沉浸理念，并认为以往的叙事学所描述的属于精神思维层面的沉浸，例如，19世纪高度写实的小说就让读者代入事件之中，在读者沉浸在小说中的过程中，可能性的领域就这样重新进入叙述者所呈现的真实世界。沉浸式叙事（Immersive Storytelling）是数实融合环境下的新兴叙事形态。在新时代语境下，沉浸式叙事作为当今文、工、艺多学科交叉融合下的新理念被提出，对于当下数字化沉浸产业的设计具有极大的启发价值。关于沉浸式叙事目前有两种解释：一是指沉浸媒介或是沉浸技术参与的叙事方式，继文字叙事、图片叙事、影像叙事后，成为一种新的叙事形态。二是从体验维度定义，心理层面产生的沉浸体验程度的叙事，这更加依赖于用户的想象力和认知的心理行为。

二、沉浸式叙事的特征

沉浸式叙事消除了现场表演、XR沉浸媒介与动画世界之间的界限，这种颠覆传统的故事叙述方式具有3个创作特征。

（一）创造沉浸体验而不仅仅是讲述故事

叙事之本质在于创造体验，而非单纯叙述故事。沉浸式叙事创作之核心在于感官之融合，通过精心设计之空间场景与角色情感，赋予体验者双重的"感知真实性"。其目的为向用户提供一种情感丰富之多感官体验，使人们从是被动之观察者转变为积极之探索者，深入体验空间场景，并全情投入地感受角色情感之转变。

（二）提供行动选择制造用户探索的机会点

将观众置于故事的核心，给予其探索空间，使其能在脱离故事内容的情况下寻找细节。观众与表演融为一体，观众深入角色，融入故事之中。当观众掌握主导权时，他们将在故事中积极地参与和探索，与故事中的其他角色及场景进行双向互动。

（三）模糊虚实世界边界塑造故事的认同感

在由XR技术打造的沉浸式故事世界里，用户参与现实世界与数字世界的无缝融合所带来的沉浸式体验，能够孕育出全新的感知经验。这些经验将深刻影响用户的身份认同、目标以及他们所追求的自我形象。这种体验的价值，与戏剧创作中所构建的叙事世界观有着异曲同工之妙。

用户沉浸于故事世界不仅是为了掌握剧情走向或揣摩角色性格，还是为了经历一种"成为角色"的独特体验。因此，沉浸式叙事的创作者必须深入思考如何为用户提供丰富的个性化选择，使他们能在完成既定任务的同时，自由地探索，与环境互动，与其他角色交流，在虚拟世界中获得真实而深刻的感官和心灵体验。

三、沉浸式叙事的深度

叙事深度涉及参与者与沉浸式体验故事（或隐喻性故事）之间的联系及其强度。依据内容的叙事特性和参与度，叙事深度可进一步划分为五个层次："和故事不发生关系（或没有故事）""看故事""部分参与叙事""作为主角主导叙事""现实与叙事相交融"。

第一个层次是"和故事不发生关系（或没有故事）"。在这一层次中，用户并没有真正进入故事，他们可能只是被动地接受了一些信息或数据，而没有形成对故事的感知和理解。这种情况下，叙事深度几乎为零，用户与故事之间缺乏实质性的互动。

第二个层次是"看故事"。这一层次的程度多停留在视觉与听觉上的简单互动，用户开始关注故事本身，他们开始主动观察、分析和理解故事中的情节、人物和主题。他们开始与故事中的角色产生共鸣，对故事中的事件产生兴趣。此时，叙事深度逐渐增加，用户开始沉浸在故事的世界中。

第三个层次是"部分参与叙事"。在这一层次中，用户不仅关注故事本身，还开始尝试参与到故事中。他们可能通过角色扮演、决策制定等方式，与故事中的角色产生更紧密的联系。此时，叙事深度进一步加深，用户与故事之间的互动更加频繁和深入。

第四个层次是"作为主角主导叙事"。在这一层次中，参与者已经完全融入故事，成为故事的主角。他们不仅要面对故事中的挑战和困难，还要通过决策和行动来推动故事的发展。此时，叙事性已经能够达到较高的沉浸感，也是目前XR叙事能够普遍达到的程度，参与者与故事之间的界限变得模糊，仿佛他们亲身经历了故事中的一切。

第五个层次是"现实与叙事相交融"。在这一层次中，叙事与现实之间的界限基本消失，用户能够完全沉浸在故事的世界中，难以分辨现实与虚构的界限。这种体验往往伴随强烈的情感共鸣和认知改变，对用户本身的生活产生深远的影响，让他们重新审视自己和周围的世界，如图3-1所示。

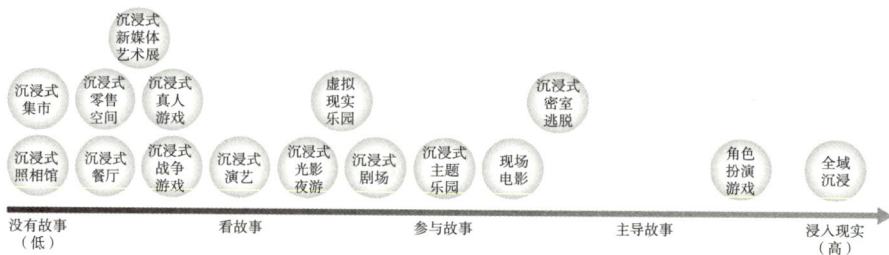

图3-1　沉浸业态的叙事深度　来源：2020年沉浸产业发展白皮书　作者转绘

第二节　沉浸式叙事的构成要素

沉浸式叙事构成要素有叙事主体、叙事主题、叙事线索、叙事结构、叙事形态、叙事时空等，下面展开详细的说明。

一、叙事主体

叙事主体通常被理解为那个负责讲述故事的人。叙事主体不仅仅是故事的创作者，更是故事的组织者和呈现者，他们通过特定的叙事技巧和结构安排，将一系列事件和人物串联起来，形成一个完整的故事。在这个过程中，叙事主体可能会选择不同的叙述角度和时态，甚至可能会通过第一人称或第三人称的视角来讲述故事，从而影响读者或观众对故事的理解和感受。因此，叙事主体在叙事作品中扮演着至关重要的角色，他们不仅决定了故事的内容和形式，还通过自己的主观视角和叙事策略，赋予了故事独特的意义和深度。

依据"存在"与"影响"这两个维度，叙事主体可细分为四种类型：观察被动型、观察主动型、参与被动型以及参与主动型（图3-2）。"存在"指的是用户所承担的角色，可进一步划分为故事的旁观者（即仅观看故事进展的个体）和故事的参与者（即扮演故事中角色的个体）；"影响"则涉及个体对剧情发展的作用程度，可分为被动（用户仅能观察故事的自然展开）和主动（用户对故事的进程具有一定的控制力）。

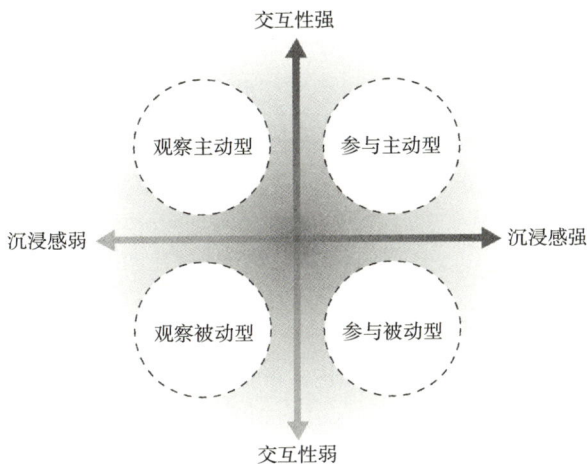

图3-2 叙事主体关系图

（一）观察被动型叙事模式

用户的角色与多数传统电影的叙事主体相似，仅作为故事的被动观察者，不参与故事角色的扮演，且除了全景浏览外，并不具备更高级的交互功能。

（二）观察主动型叙事模式

用户虽不扮演故事中的角色，但能够主动操控故事情节的发展。

（三）参与被动型叙事模式

用户扮演故事中的角色，然而并不具备对剧情走向的控制权。

（四）参与主动型叙事模式

参与主动型叙事模式是四种策略中沉浸感和交互性最高的形式，用户不仅能在故事中扮演角色，还能与故事中的其他角色进行互动，并有可能影响甚至改变故事的结局。

值得注意的是，在沉浸式数字叙事的主体定位上，我们不能一概而论地认为参与式的主动叙事总是能达到最佳的叙事效果。实际上，叙事主体的选择应综合考虑故事剧本、用户特性、制作成本等众多因素。通常，更强的沉浸感和交互性伴随更高的开发成本。

二、叙事主题

叙事主题是指在叙事活动中所探讨的核心议题或主题，它往往是叙事者希望通过故事传达给听众或读者的重要思想和观点。这个主题贯穿整个叙事过程，成为连接各个情节和角色的主线，使整个故事具有统一性和连贯性。叙事主题不仅仅是一个简单的概念或想法，而是通过具体的情节、人物和对话等元素，多层次、多角度地展现出来，使听众或读者能够在情感和思想上产生共鸣。通过对叙事主题的深入挖掘和表现，叙事者能够有效地传递其想要表达的深层含义，从而达到教育、启迪或娱乐的目的。

三、叙事线索

叙事线索构成了故事情节的进展脉络，引领故事情节发展的方向。在叙事设计中，涉及了包含人物、事件、物品等在内的多种线索，这些线索虽细节丰富，却对整个故事的推进具有重大影响。在叙事过程中，通过精心地布局和逐步揭示这些线索，引导读者逐渐洞悉故事的进展与结局。一个精心设计的叙事线索能够使故事更加引人入胜，激发读者更加强烈的好奇心和紧张感。

四、叙事结构

叙事结构是指在讲述故事和情节时所采用的特定方式和框架。这种结构在叙事艺术中起着至关重要的作用，因为它决定了故事的组织和呈现方式。涉及这些关键冲突和事件是如何被展开和解决的，以及这些情节在故事中发生的顺序和场景安排。探讨叙事结构的两种形式：一种为线性叙事，其特点是按照时间顺序连贯地展开故事；另一种为非线性叙事，其特点在于故事元素的时空顺序被打乱，呈现跳跃性的叙述方式。

（一）线性叙事

一般来说，"线性叙事"结构被认为是严格按照现实的时间向度来组织安排的，由"开端—发展—高潮—结尾"四部分组成。在叙事时注重事件的完整性、时间的连续性、情节的因果性，这种叙事观念是对世界的秩序感和确定性的一种信念和诉求。

（二）非线性叙事

所有打破"线性叙事"单线、有序模式的叙事，都是"非线性叙事"。"非线性叙事"并不按照时间顺序、空间顺序展开，而是以一种被割裂的、碎片化、去中心化且非固定的视角推动事件发展。"非线性叙事"的结构逻辑与常规逻辑思维不同，具有碎片化、无序、开放性的特点。

沉浸式媒介如VR和AR技术，通过交互性，将故事世界从线性结构转变为非线性结构。交互叙事成为一种新兴的艺术形态，允许用户实时互动，自由行动和体验，从而影响故事情节。为了保持用户体验的乐趣，故事的交互性和叙事性需要平衡。用户成为故事的参与者和创作者，交互产生的不同线索使叙事具有不确定性。基于非线性叙事，设计者可以构建多种交互叙事结构，包括以下3种类型。

1.多结局型叙事类型

类似于游戏闯关。将关卡设计的概念置入VR电影中，故事发展到一定阶段将会到达一个节点，从这个节点出发将出现多个一级分支，每个分支对应不同的故事走向，再从不同一级分支出发进入第二个分支，多分支与小主线产生更为丰富的交互，形成多条主线脉络，以此种模式不断发展形成一个树状的故事网络。

2.多视角型叙事类型

类似于剧本角色互换。这种模式需要多人参与，同时进行，以一个事件作为故事中心，围绕这个故事的不同视角进行故事还原，通过不同视角的解读最终将故事逐渐呈现出来。每个人都将以剧中一个角色的视角切入并开始体验故事，用户所扮演的角色决定了了解故事的不同角度，所扮演的角色信息是进一步了解故事、还原剧情的线索。

3.碎片化时空重构叙事类型

类似于拼图。这种体验下的叙事摒弃了线性时间，故事被拆解成一个个片段，将故事发展的时间顺序彻底打乱，以碎片化的形态呈现给用户。用户对情节进行拼贴和重组，不同的观看顺序将得到不同的体验。

五、叙事形态

在探讨叙事的形式时，我们可以将其分为四大类（图3-3）。

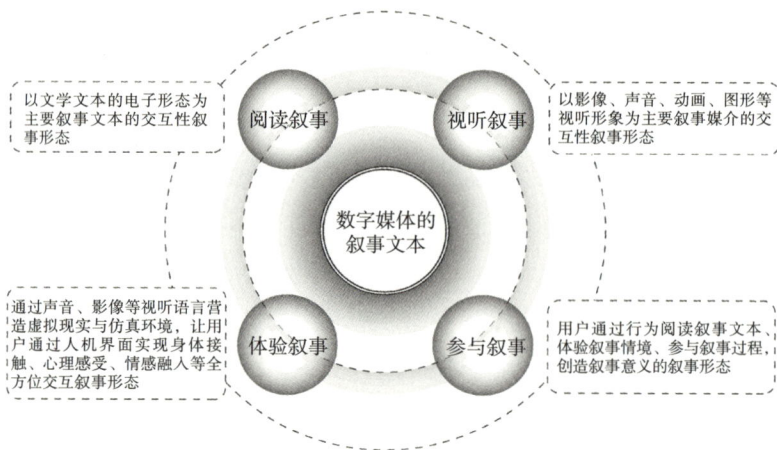

图3-3 叙事构成形态分析图

（一）阅读叙事

阅读叙事是以文本的电子形态为主的交互性叙事形态。

（二）视听叙事

视听叙事是依赖于影像、动画、图形和声音等视听形象为主的交互式叙事形态。

（三）体验叙事

体验叙事致力于营造一种虚拟现实仿真环境，通过人机交互界面，实现用户身体接触、心理感知、情感融入交互式叙事形态。

（四）参与叙事

参与叙事是指用户通过参与叙事行动，体验叙事情境，创造叙事意义的叙事形态。

叙事形态在一定程度上可被视为一种"叙事程式"与"叙事模型"。在沉浸式语境中，不同的叙事形态展现出各自的特征，并且它们所引发的沉浸感程度亦有所区别。在实际的设计过程中，必须综合运用各种沉浸式叙事形态，以实现最高效的叙事效果。

六、叙事时空

在叙事学中，时间是一个核心概念，它通常被分为三种不同的维度，分别是故事时间、叙事时间和阅读时间。这三种时间在一般的交互式叙事中相互交织，共同构成了叙事的复杂性和丰富性（图3-4）。

叙事空间是艺术创作者在构建叙事作品时精心雕琢的虚拟世界，它超越了简单的物理界限，成为情感、思想与文化交织的广阔舞台。叙事空间不仅是事件发生的舞台，更是一个能够讲述故事、人物性格的塑造者，传递情感的动态体验空间。

重新创新叙事的时间，营造情境的空间位置、空间氛围，复原景观，用户在体验中回到历史，重视历史。瑞士日内瓦大学研究人员利用数字动画、AR、VR等技术手段，使消失了近2000年的庞贝古城以数字化的形式"重生"。通过构建可视化、情境化的三维动画、虚拟古建筑场景、关键活态事件，并利用AR技术将这些数字内容叠加在现实的文化遗迹环境中，使游客能在庞贝古城的遗址中体验其背后的历史情境。

XR沉浸媒介相较于二维的文字和图像，其叙事空间在构建叙事语境上更具优势，更有效地通过空间载体的体验方式去理解故事、事件、人物行为。设计要点包括以下几点：

（1）强调叙事语境的构建，丰富、有趣的语境可以有效提升观者共鸣感。

（2）叙事语境的构建以空间为主导，使用载体思维有效快速地提取故事中的空间元素。

（3）叙事空间的创新点来源于空间的解构与重组。

（4）时间维度可以帮助空间增强叙事能力，形成沉浸体验。

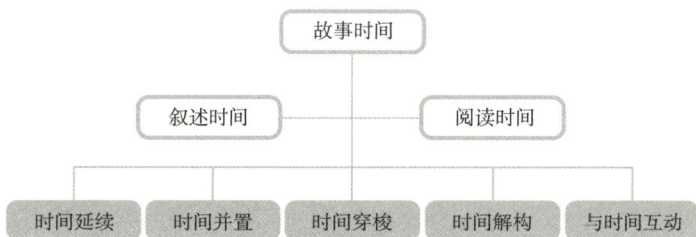

图3-4 叙事时间分析图

第三节　沉浸式叙事设计流程与方法

叙事设计流程建立在叙事构成要素的基础上，叙事设计流程可以分成六个大步骤：明确叙事主体，确立叙事主题，构建叙事素材库，构建叙事信息框架，设计叙事线索、结构、时空，选择适当叙事形态（图3-5）。以下对每个步骤详细展开。

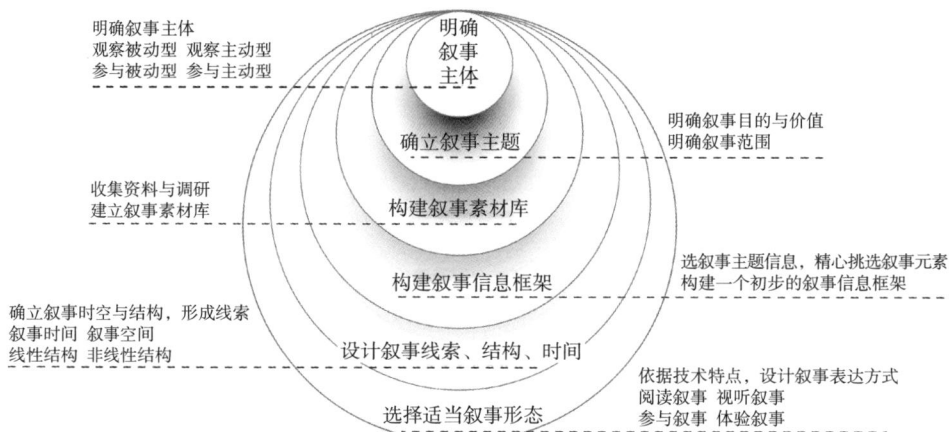

图3-5 叙事设计流程图

一、明确叙事主体

确定叙事主体是进行沉浸式数字叙事活动的首要任务。通常，"叙事主体"指的是"叙述故事的人"，包括故事的创作者、组织者等。在综合考虑剧本内容、用户特征、制作成本等多重因素后，我们应在观察被动型、观察主动型、参与被动型和参与主动型中选择合适的叙事主体类型。

二、确立叙事主题

确立叙事主题是设计内容的核心与基础。这一关键步骤在沉浸式叙事设计中占据着核心地位，因为它决定了整个叙事作品的基调和方向。首先，必须明确作品传递的核心信息或情感。其次，深入思考如何通过社会问题、人性探索、历史事件、科幻想象等话题来表达这些信息，这些话题应能激发用户的兴趣。最后，明确叙事设计的对象至关重要，应以设计对象为中心，同时考虑目标用户群体的文化背景、兴趣爱好等要素，深入挖掘故事的核心价值，并找到能够引起用户共鸣和启发的点。

对于已经确立的叙事主题，需要进行反复的推敲和调整。这可以通过团队成员间的讨论、收集用户反馈等多种方式进行。通过持续地优化和改进，叙事主题将变得更加鲜明，更能够深入人心，如图3-6所示。

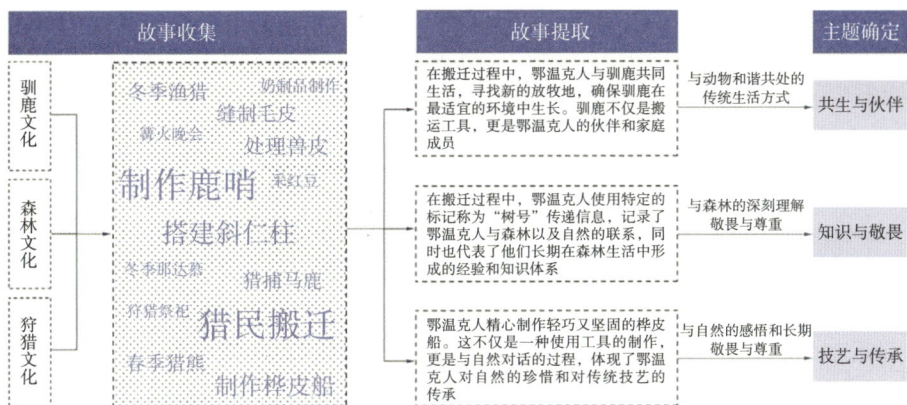

图3-6 敖鲁古雅叙事主题确定流程 张宇婷

三、构建叙事素材库

在设计的初步选题阶段，我们必须搜集大量资料。通过筛选和清洗这些资料，我们能够提取出关键信息。随后，将这些关键信息构建为叙事素材库，并采用编码技术对内容进行分析和整理。这种做法有助于将叙事素材库中的信息转化为设计中的机会点和知识点，实现展示信息确立（表3-1、表3-2）。

表3-1 叙事素材表

序号	知识内容	图形元素	资料来源
1	文字简述	图片	链接地址或书籍、论文名称
2			
3			

表3-2 《造梦生灵——沙柳》项目叙事内容库截图

分类	具体分类	知识内容	图形元素	资料来源
物质循环（碳中和）	沙冬青（土壤固碳）	（1）沙冬青，双子叶植物纲。小叶偶为单叶；叶柄密被灰白色短柔毛；托叶小，三角形或三角状披针形（2）陆地生态系统中存在着"有机碳－二氧化碳－无机碳"的微碳循环系统		郑兆辉，马春段，马江林，李继勇，刘灿，李宏，2017年，西鄂尔多斯地区5种荒漠灌丛光合固碳能力研究
	沙枣（茎—果实固碳）	（1）沙枣，果肉乳白色，粉质；果梗短，粗壮，双子叶植物纲（2）沙枣年净固碳量在$6.00t/hm^2 \cdot a$以上；固碳量的大小主要与其果实生长量有关		郑朝晖，马春霞，马江林，李基勇，刘灿，李宏，2011年，6种乔木树种的固碳能力和能量传递效率分析

续表

分类	具体分类	知识内容	图形元素	资料来源
物质循环 （碳中和）	白杨 （根固碳）	（1）白杨，根系发达，具有深根性，双子叶植物纲 （2）杨树林碳密度为97.13t c/hm²；固碳量的大小和根部根须的生长量有关 （3）根固碳的过程：①土壤矿质养分向根表迁移养分离子吸附在根细胞膜表面；②养分离子跨膜运输；③养分向根表面迁移	 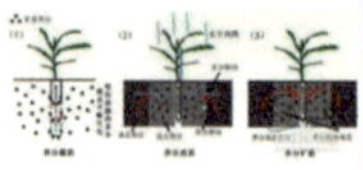	韩峰，赵萌莉，韩国栋，王亚婷，2017，几种一年生牧草根系固碳潜力的研究

表格来源：孟干、兰栋、刘雨欣、王鲁燕

四、构建叙事信息框架

根据资料库筛选叙事主题信息，精心挑选叙事元素，构建一个初步的叙事信息框架。同时要满足信息框架主题鲜明、分类恰当，覆盖关键内容点，符合用户认知习惯的要求。为后续设计工作提供设计基础。

在构建叙事信息框架的过程中，首先需要根据现有的资料库进行深入的筛选和分析，以确保所选的主题信息具有足够的丰富性和相关性。通过对资料库中的大量信息进行细致的梳理和筛选，我们可以挑选出那些最具代表性和吸引力的叙事元素。这些元素将为我们的叙事框架提供坚实的基础，如图3-7、图3-8所示。

章节	第一章：昭君引种河套农业文明萌芽	第二章：河渠兴盛农业的稳步发展	第三章：自流引水现代化改造	第四章：天赋河套品牌化发展
农耕史	西汉时期（昭君出塞，农耕并存格局） 昭君引种小麦于此，并将石碾文化传于鸡鹿塞，推动塞北高原农耕文明发展进程，从此开启河套地区种植小麦的历史	隋唐西夏元明清时期 大规模移民，人群聚集，农耕文明迅速发展。干道河渠以及农耕文化的传承发展由此开始	清末民初（河套高潮再起，农业区域不断扩展） 晋陕冀鲁豫等地人民，以"走西口"形式进入河套平原，以王同春为代表的批人大力开渠，河套地区渠道纵横。河套小麦的种植面积开始明显增加	近现代时期（小麦种植积百万亩） 巴彦淖尔市的小麦无论是播种面积，还是单产和总产，都位居内蒙古首位。在"天赋河套"品牌引领下，让好产地持续产出好产品，"河套面粉"这一金字招牌越擦越亮
生长阶段	播种	出苗	拔节	灌浆
对应节气	春分	谷雨	立夏	小满
线索	自然依赖 生产方式较为原始	过渡阶段 利用技术改善农业条件		可持续发展 科技创新并关注生态环境

图3-7 《谷物人和》项目叙事内容信息梳理截图　张霞

```
序章 ──→ 初始介绍（交互提示）

第一章：昭君引种    场景一 ──→ 宏观：重要的 ──→ 昭君出塞，将汉耕种植技艺及五谷肝神携往塞外（小
秦汉时                        历史事件        麦发展史的开端），推动塞北高原农耕文明发展进程，从
                                            此开启河套地区种植小麦的历史

                   场景二 ──→ 微观：百姓的 ──→ 春分节气，河套地区万物复苏的景象，农民在田间播
                            农耕生活        种小麦

第二章：稷土安定    场景一 ──→ 宏观：重要的 ──→ （1）隋唐时期，防止突厥南下，在北魏的基础上，重
隋唐时期                      历史事件        设五原等郡昌，有力的安定社会秩序促进了地方农业的
                                            持续发展
                                            （2）在河套地区设置东、中、西三城，继而大规模移
                                            民，大力开拓荒田

                   场景二 ──→ 微观：百姓的 ──→ 谷雨节气，河套地区下雨，田里小麦出苗，农民在田
                            农耕生活        间施肥

第三章：自流引水    场景一 ──→ 宏观：重要的 ──→ （1）清代后期的道光、咸丰年间，晋陕冀鲁等地人民，
清末民初                      历史事件        以"走西口"形式进入河套平原，使这里人口逐渐增多
                                            （2）清代晚期走西口的移民，或肩挑臂负，或手推独
                                            轮车，拖家带口，相约结伴，经长途跋涉来到河套平原
                                            垦种求生
                                            （3）清代后期，王同春创制了独特的开渠技术，几十
                                            年中组织先后开掘义和渠、丰济渠等五条干渠，疏通了
                                            水济渠，长济渠等五条干渠和数十条支渠

                   场景二 ──→ 微观：百姓的 ──→ 立夏节气，河套地区阳光普照，麦田里小麦拔节生长，
                            农耕生活        农民在田间除草

第四章：天赋河套    场景一 ──→ 宏观：重要的 ──→ （1）1945年河套地区进入初级合作社时期，广大农村
品牌化发展                    历史事件        积极推广新式农机具，努力发展农业生产
                                            （2）1957年河套地区进入高级合作社时期，河套农业
                                            生产经营水平不断进步，粮食生产持续增收
                                            （3）1976年1月，经过十五万河套儿女的日夜奋战，彻
                                            底解决了农区有灌无排，日益盐碱化的"顽症"形成了
                                            南灌北排的排灌配套的新格局，为后来发展完整的灌排
                                            体系奠定了基础
                                            （4）改革开放后，农村生产力得到解放，各种新式农
                                            机具得到应用，农业生产效率大大提高
                                            （5）农村改革在探索中前进，1983年全国广大农村开
                                            始第一轮土地承包，1997年开始第二轮土地承包
                                            （6）2018年7月，依据相关政策法规，由内蒙古自治区
                                            巴彦淖尔市人民政府完成"天赋河套"的商标注册
                                            （7）巴彦淖尔市小麦无论是播种面积，还是单产和总
                                            产，都位居内蒙古首位。从2018年至今，在"天赋河套"
                                            品牌引领下巴彦淖尔市不断健全河套农畜产品的标准体
                                            系和质量可追溯体系全面开展农田"四控"行动，让好
                                            产地持续性产出好产品

                   场景二 ──→ 微观：百姓的 ──→ 小满节气，河套地区小麦灌溉成熟，收割机在田间收割
                            农耕生活
```

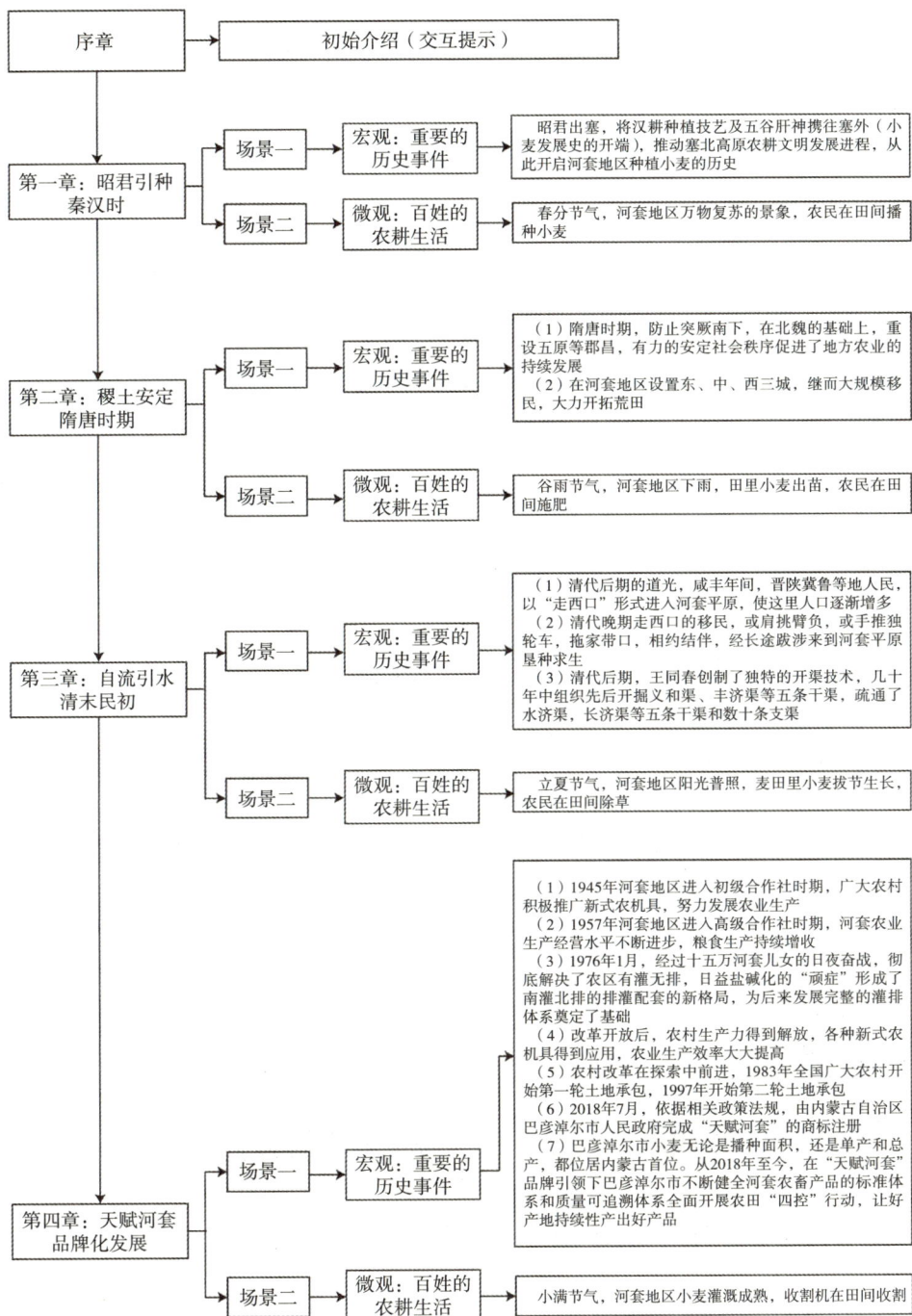

图3-8 《谷物人和》项目叙事内容信息框架截图 张霞

　　同时，需要精心设计和组织这些叙事元素，确保它们能够有机地结合在一起，形成一个连贯且引人入胜的叙事信息框架。在这个过程中，我们必须确保框架的主题鲜明、分类恰当，以便能够清晰地传达我们想要表达的核心信息。同时，框架需要覆盖所有关键内容点，确保信息的完整性和深度。

　　此外，为了使叙事信息框架更加符合用户的认知习惯，我们需要深入理解目标受众的心理特点和认知模式。通过分析用户的兴趣、需求和接受方式，我们可以调整叙事框架的结构和表达方式，使其更加贴近用户的思维方式和阅读习惯。这样不仅能够提高信息的接受度，还能增强用户的参与感和沉浸感。

　　构建的叙事信息框架将为后续的设计工作提供坚实的基础。它不仅能确保设计工作的方向和目标明确，还能为设计师提供丰富的素材和灵感，如图3-9所示。

图3-9　元上都遗址文化诠释AR信息架构设计　赵雪

五、设计叙事线索、结构、时空

根据叙事信息框架图，进行叙事线索、叙事结构、叙事时空的规划与设计。

（一）确立叙事线索

一个引人入胜的故事的构建，首先需要确立一个清晰的叙事线索。这一步骤至关重要，因为它将贯穿整个故事，成为连接各个情节片段的纽带。在确立叙事线索的过程中，我们必须深入挖掘和分析内容的特征，从中提炼出关键元素。这些关键元素将为叙事线索提供坚实的基础，使其更加丰富和有深度。

叙事线索的设计通常包括多种类型，如角色线索、道具线索、时间线索等。角色线索关注主要角色和他们的成长变化，道具线索则通过某个特定的物品来推动情节发展，而时间线索则通过时间的推移来展示故事的进展。每种线索都有其独特的功能和作用，合理运用这些线索可以使故事更加生动和有趣。

在设计叙事线索时，必须遵循逻辑性和连贯性的原则。逻辑性确保故事中的每一个情节都有其合理的因果关系，不会让读者感到突兀或困惑。连贯性则保证故事的各个部分紧密相连，形成一个完整的故事体系。只有这样，才能确保故事的流畅性和可读性，让读者在阅读过程中能够顺畅地跟随故事的发展，体验到故事的魅力。

通过精心设计的叙事线索，我们可以引导读者进入一个充满想象力的世界，让他们在故事中感受到情感的起伏和思想的碰撞。这样的叙事线索不仅能够吸引读者的注意力，还能让他们在故事结束后仍然回味无穷，如图3-10所示。

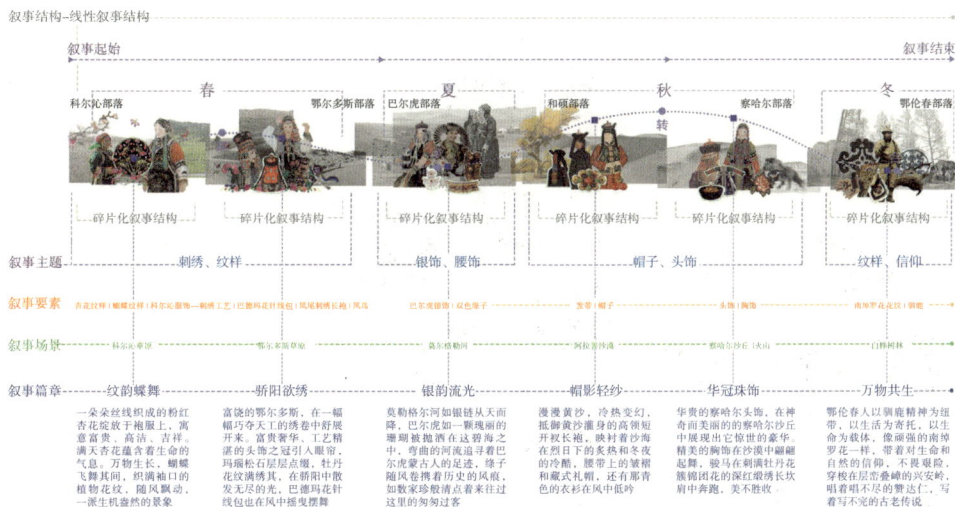

图3-10 《互鉴融通·交相辉映》项目的叙事结构示意图 刘雅楠 王介如

（二）选择叙事结构

在构建一个引人入胜的故事时，选择一个合适的叙事结构类型是至关重要的。这种结构将整个故事的情节线串联起来，为读者或观众提供一个清晰的路径。叙事结构的设计处理可以采用多种方式，包括并置、串联等手法，这些手法可以是线性的，也可以是非线性的，甚至是两者的结合。通过这种多样化的设计，可以创造出一种独特的叙事结构，既能够保持故事的连贯性，又能够增加其复杂性和深度。

在设计叙事结构时，需要考虑到故事的交互性和叙事性之间的平衡。交互性是指故事能够与读者或观众产生互动，让他们在某种程度上参与到故事的发展中来。而叙事性则是指故事本身所具有的叙述和推进情节的能力。只有在这两者之间找到一个平衡点，才能确保故事既能够吸引读者或观众的注意力，又能够顺利地推进情节。

为了营造一种实时互动的体验，故事应该允许用户自由行动和体验。这意味着故事的情节不应该完全固定，而应该有一定的灵活性，让用户能够在故事中做出选择，从而影响故事的走向。这种自由行动和体验的方式能够极大地提升用户的乐趣，使他们不仅仅是被动地接受故事，而是成为故事的一部分，从而更加投入和享受整个过程。

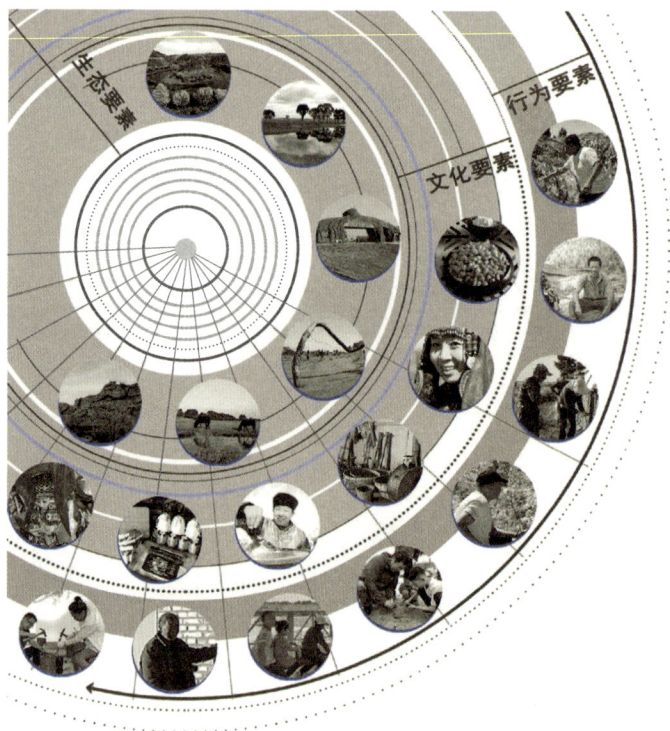

总之，通过精心设计的叙事结构，结合故事的交互性和叙事性，以及用户实时互动的自由行动和体验，可以创造出一个既有趣又引人入胜的故事世界。这样的故事不仅能够吸引读者或观众的注意力，还能够提供一种独特的体验，使他们在故事中找到乐趣和满足感，如图3-11所示。

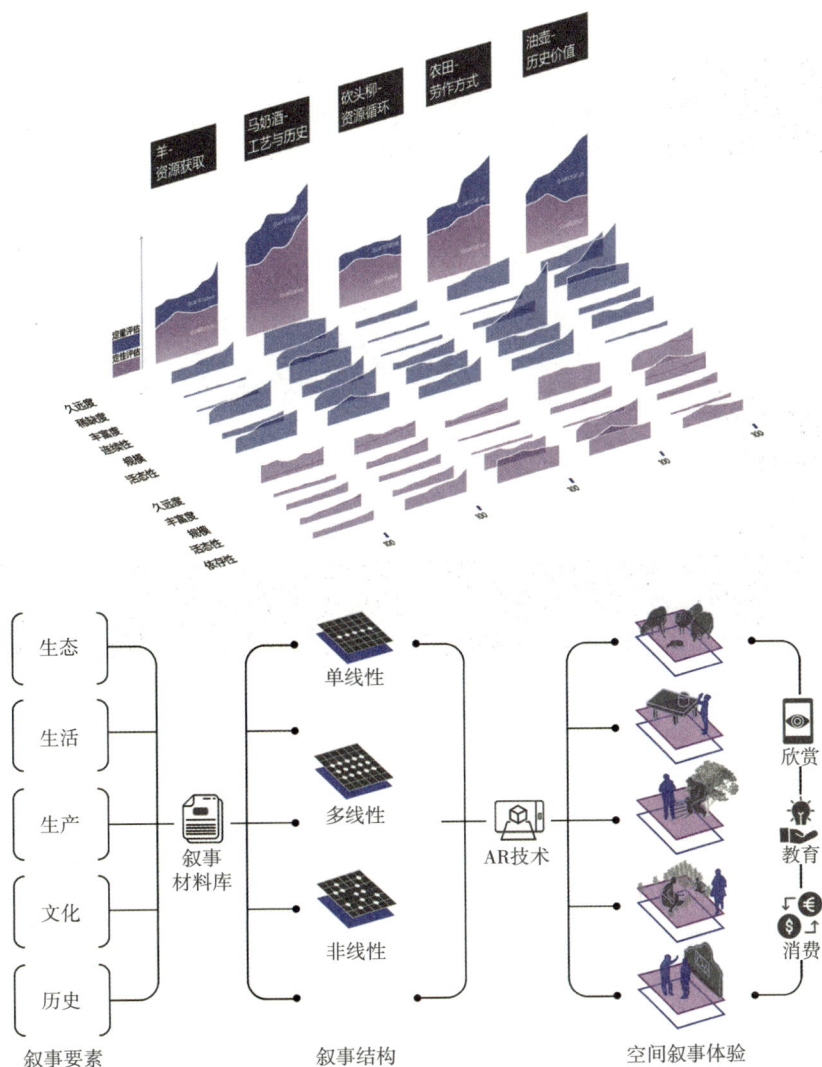

图3-11　巴彦希泊日嘎查乡村文化景观AR叙事设计项目截图　张宇婷

（三）重组叙事时空

　　XR沉浸媒介相较于传统的二维文字和图像，其在构建叙事语境方面具有显著的优势。这种媒介能够更有效地通过空间载体的体验方式，帮助人们去理解故事、事件以及人物行为的深层含义。在进行叙事时空的设计时，设计师需要在依据内容进行叙事时间与叙事空间的构建之前，对提取的前期信息框架中的时空信息要素进行细致的叙事结构与时空的解构与重组。例如，可以考虑一天之中的变化、不同季节的更替、不同朝代的变迁、不同地点的特色等，空间要素包括历史场景的再现、空间位置的精确描绘、气候展示的逼真效果、氛围道具的巧妙运用等。通过时空的相互呼应，叙事能力得以增强，从而形成一种沉浸式的体验，如图3-12所示。

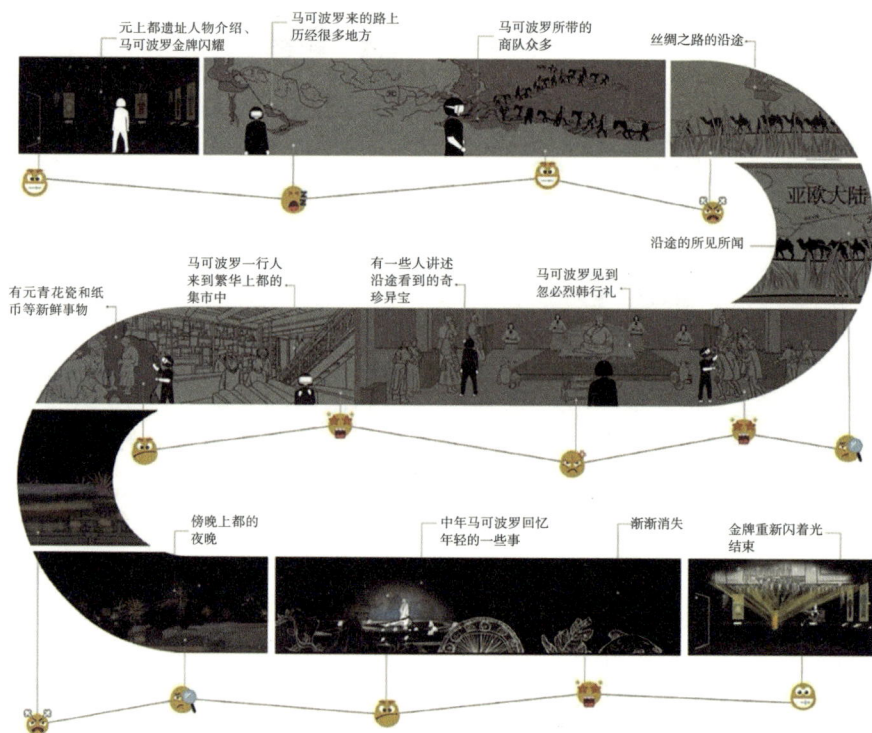

图3-12 《探索星空》VR项目低保真故事旅程图　张冰妍

在设计过程中，还需要充分考虑叙事主体、叙事结构、叙事时空等因素，并将其与主题紧密结合。通过这种综合考虑，可以创造出独特的叙事空间，使观众能够更加深入地沉浸在故事之中，体验到更加丰富和立体的情节发展。

六、选择适当叙事形态

在创作过程中，叙事形态的选择显得至关重要，因为它会直接决定内容的表达是否能够达到预期的效果。一个恰当的叙事形态能够使故事更加生动、引人入胜，从而有效地传达作者的思想和情感。相反，如果叙事形态选择不当，可能会导致内容显得平淡无奇，甚至让读者感到困惑和乏味。

此外，叙事形态的选择还直接影响到叙事体验的新颖性。一个独特的叙事形态能够为读者带来全新的阅读体验，使他们在故事中感受到新鲜感和惊喜。这种新颖的叙事体验不仅能吸引读者的注意力，还能增强他们对故事的记忆和情感共鸣。因此，创作者在构思故事时，必须仔细考虑如何选择和运用叙事形态，以确保内容表达的有效性和叙事体验的独特性。其参与依据包括以下几点。

其一，依据沉浸式技术特点。确定叙事设计表达方式。在此过程中，VR、AR以及多媒体技术等均可作为有力的工具，用以营造更为深入人心的沉浸式叙事体验。然而，每一种技术都有其独特的优势与局限，它们在视觉、听觉、触觉等感官领域的表现能力以及用户参与度和沉浸感的营造程度上都存在差异，因此，在选择和应用这些技术时，我们需要综合考虑叙事内容与技术之间的适配性和可行性，确保两者能够完美结合，以达到最佳的叙事效果。

其二，依据叙事形态与表达内容特点。叙事内容的表达应依据叙事对象已有的资料，通过不同的叙事形态来实现。结合阅读叙事、视听叙事、参与叙事和体验叙事各自的形态特点，我们可以将叙事内容细致地分类，并转化为技术中需要表现的叙事设计要素。

（1）对于阅读叙事，它主要对应着文字说明性的描述，如故事的背景、情节发展等。阅读叙事从设计上需要精准生动，使读者能够通过文字想象出丰富的场景和人物，且内容应当易于阅读，交互过程不要使用太多生僻文字和拗口表述，文本表述尽量简明易懂。

（2）对于视听叙事，需要巧妙地运用图像、色彩、音效等手段，营造出与故事情节相呼应的氛围，使用户沉浸其中，感受到故事的魅力。这与文本阅读相比，是一种高效且强烈的视听反馈，更加符合人的直觉感受。需要注意的是，在视听元素的选择上，必须根据叙事内容挑选符合情境的音效和视觉UI；在图片、视频、音效的数量分配上，需要保持均衡。过多的元素可能会分散用户的注意力，降低他们的体验感。

（3）对于参与式叙事，是沉浸式表达的关键设计策略之一。它融合了沉浸技术的特性，并在叙事交互方式上进行创新设计。在设计过程中，采用更为生动且模拟真实情境的交互模式，构建用户与虚拟角色对话的参与感互动环节。此类叙事形式旨在使用户不仅是故事的被动接受者，而是成为故事的主动参与者，通过亲身参与来加深对故事的理解。

（4）对于体验叙事，强调的是再现用户的个体感受，通过结合生活经历、认知、情感的设计内容，向用户传递叙事内容和情感，激发起与用户的共同记忆，转化为个人的独有体验。体验叙事更多的是个人对情境、时空、情感的经历性感受。可以通过角色设计和故事情节，建立用户与故事中的角色之间的情感联系。

综上所述，叙事形态的选择至关重要。通过巧妙运用多样化的叙事形态，能够更有效地传递故事内容，增强听众的叙事体验，使故事更具吸引力，深入人心，如图3-13所示。

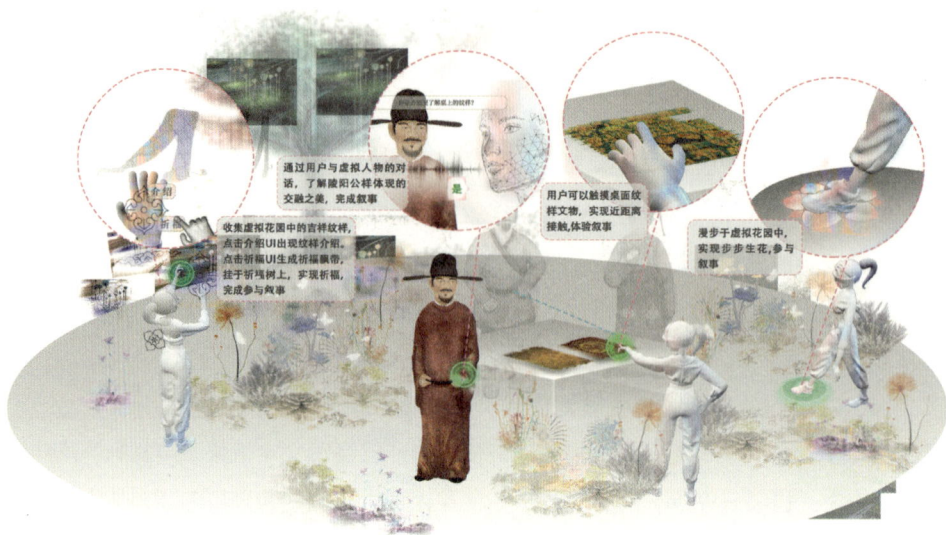

图3-13 民族服饰虚拟展示多种叙事形态表现图 刘雅楠

● 核心概念

沉浸式叙事 叙事结构 叙事时空 叙事形态 叙事线索

● 思考题

1. 沉浸式叙事的特征和深度如何作用于沉浸效果？

2. 沉浸式叙事与沉浸式体验之间存在怎样的联系？

● 实践作业

作业一：收集沉浸式叙事优秀案例，分析当中所使用的叙事主体、叙事线索、叙事形态等。

作业二：根据设计选题，根据沉浸式叙事设计流程明确叙事主体、确立叙事主题、构建叙事内容库、制作叙事信息框架图，表达叙事内容，完成一个完整的沉浸式叙事设计。

第四章

沉浸式交互

| 教学目标 |

本章主要目标是让学生认识沉浸式交互相关概念，理解AR、VR、MR等沉浸式媒介的交互特点。理解并学会利用交互相关理论提出交互设计创新方案，学习、使用绘制交互流程示意图和多模态交互剧本的方法绘制交互策划方案。

| 教学重点 |

1.了解并学会利用沉浸式交互、具身认知、身体图式、DOF观察自由度、联觉与通感等沉浸式交互的相关理论。

2.理解AR、VR、MR等沉浸式媒介的交互特点。

3.通过绘制多模态交互剧本，提出设计沉浸式交互的创新内容。

| 推荐阅读 |

[1]黄心渊，陈柏君. 基于沉浸式传播的虚拟现实艺术设计策略[J]. 现代传播（中国传媒大学学报），2017，39（1）：85–89.

[2]钟鸣，何人可，赵丹华，等. 基于通感转化理论的交互装置体验设计[J]. 包装工程，2021，42（4）：109–114.

[3]辛向阳. 从用户体验到体验设计[J]. 包装工程，2019，40（8）：60–67.

[4]辛向阳. 设计哲学实践：理查德·布坎南学术思想观察[J]. 装饰，2024（2）：44–50.

[5]辛向阳. 交互设计：从物理逻辑到行为逻辑[J]. 装饰，2015（1）：58–62.

| 教学评估 |

根据"沉浸式交互作业"中的具体要求，考查学生对沉浸式交互设计的理论基础是否理解；是否能够应用沉浸式媒介交互特点，设计出符合用户沉浸体验的交互内容；学生对自己的沉浸式交互设计作品进行反思和评估，是否能够从中发现不足并提出改进的方案。

第一节　沉浸式交互的相关概念

一、沉浸式交互

沉浸式通常指的是一种使参与者完全沉浸于某个环境或体验中的技术或方法。在沉浸式环境中，参与者通常感觉像是真正地进入了另一个世界，与周围的环境和事物产生了紧密的联系。"沉浸"状态指的是个体专注而忘我地参与、投入事件活动中并与对象建立深度联系的过程。"沉浸"一词的本义是指物体浸泡、浸没在水中，由这种形象性的比喻引申出个体全身心投入和集中而全神贯注于某事以致几乎隔绝外界环境，忘记自我的存在。

"交互设计"指的是人机交互方式的设计。广义上的"交互"指的是事物之间的相互作用，广泛地存在于自然界和人类社会中。狭义的"交互"是指与人有关的相互作用。20世纪后半叶以来，"交互"成为热门词语，"人机交互"也被称为及时反馈，指的是用户和系统之间进行信息的传递——用户通过操作把信息传递给系统，系统反馈信息给用户，告知用户操作的结果或者操作对象状态的变更。

沉浸式交互是一种交互设计理念，其目的是通过技术手段，使用户在数字环境中感到完全沉浸，仿佛置身于一个虚拟的世界中。这种交互方式可以通过VR、AR、MR等技术来实现。这种交互方式有助于提升用户参与度，在各个领域都有应用，包括VR游戏、培训和模拟、医疗保健、建筑和设计、娱乐、教育等。沉浸式交互让用户能够更深入地感受虚拟世界，并能够通过多种感官感受到虚拟内容的丰富性。它有助于用户更好地理解虚拟内容，并能够通过更直观、生动的方式与虚拟世界进行交互。设计沉浸式交互时，需要利用故事叙述和情节设定，吸引用户的注意力，增强用户对虚拟环境的投入感和参与度。可以与虚拟环境进行实时、双向的交互，通过手势、语音、控制器等方式与虚拟对象或场景进行互动。设计应该尽可能模拟真实世界中的自然交互方式，使用户更容易上手并感到舒适。沉浸式交互通过视觉、听觉、触觉等多种感官，尽可能地模拟真实世界的感觉，提供更加真实的体验。用户被置于一个虚拟环境中，其可以是一个完全虚构的世界，也可以是一个模拟的真实场景。系统会根据用户的行为实时调整虚拟环境，以提供更加动态和贴近真实的交互体验。提供即时、动态的反馈，使用户感受到他们的行为对虚拟环境产生的影响，增强交互的真实感和参与感，如图4-1所示。

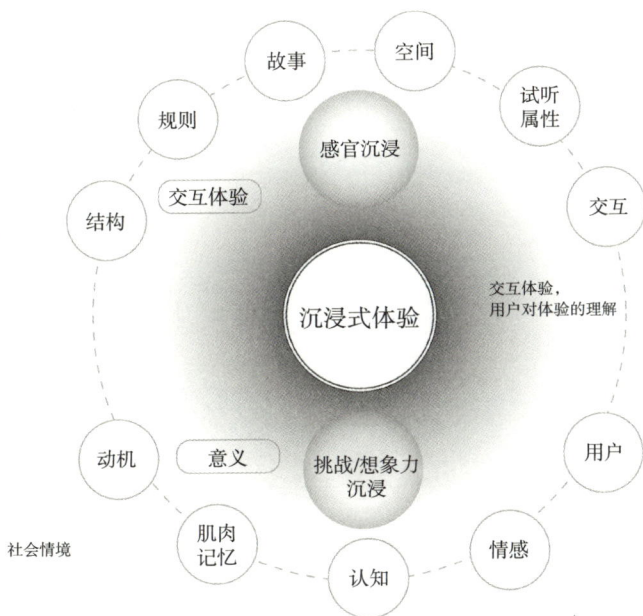

图4-1 沉浸交互关系图

二、具身认知

随着设计行业的发展，设计方法论也在不断完善，具身认知（Embodied Cognition）是一个新兴的研究领域，属于认知科学领域中的一种理论，也被翻译为涉身认知、寓身认知、居身认知等。强调用户在与数字环境的交互过程中，体验到身体参与感和自身存在感的重要性。具身认知理论认为认知不仅仅发生在大脑中，而且受身体和环境的深刻影响。

> **扩展知识**
>
> 威尔逊（Wilson）进一步整合了各种有关具身认知的理解，并将其概括为六个方面：①具身根植于环境。认知活动发生在现实世界的环境中，它本身就涉及感知和行动。②认知活动有时间的压力。我们是"活着的心智"，认知必须依据它与环境实时交互的压力作用下如何活动来理解。③我们将认知工作置于环境之中。由于我们信息处理能力十分有限，因而要利用环境来减少认知工作量。④环境是认知系统的组成部分。⑤认知为了行动。心灵的功能是指导行动，并且理解感知和记忆等认知机制，必须依据其有利于情境的适当行为。⑥离线认知以身体为基础。心灵的活动即使

脱离环境，也是基于与环境相互作用的发展机制，即感知加工和运动控制的机制（图4-2）。

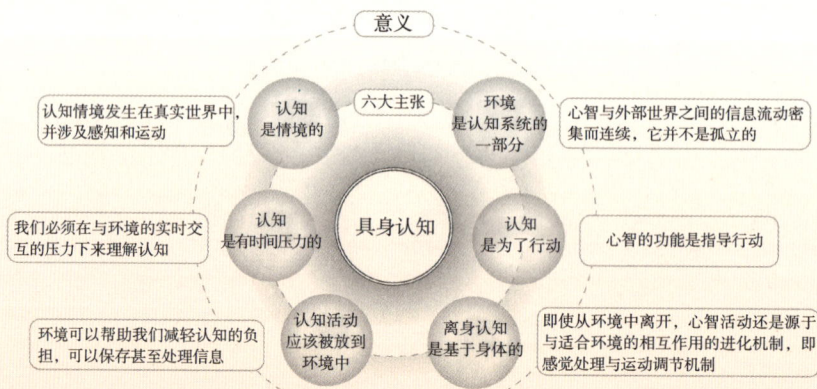

图4-2 具身认知的理解

国内学者叶浩生将"具身"理解为一种身体学习、身体经验、认识方式，并与环境融为一体。对国外的具身认知研究成果进行引介的同时，结合一些实证研究成果进一步梳理提出：认知与身体、与身体的构造和功能、与身体的感觉运动系统紧密交织在一起；而身体是一个具体的、与自然环境和文化环境交互作用的有机体，身体的构造、身体的感觉运动系统与环境所产生的互动方式决定了认知的特性和形式，决定了认知的种类，决定了有机体具备哪一种特殊和具体的认知能力。

具身交互设计（Embodied Cognition Interaction Design）是指在交互设计中，考虑和利用人类的身体及其与环境的互动方式。要关注用户的身体动作、姿势、触觉反馈等，以提升用户体验和操作效率。利用用户的自然动作和姿势来进行交互。通过触觉设备提供反馈，用户在操作过程中感受到真实的触感。具身认知交互设计需要考虑用户所处的物理环境，并利用环境中的物体和空间进行交互。结合视觉、听觉、触觉等多种感官，提供丰富的交互体验。使用直观的、模仿自然的界面方式，使用户能够通过自然的方式进行交互，通过自然语言、自然手势进行交互等。具身交互设计强调设计应与用户的身体经验和自然行为方式相一致，从而增强交互的自然性和直观性，提高用户体验的沉浸感和满意度。

三、身体图式

身体图式理论是由法国哲学家梅洛·庞蒂（Merleau Ponty）提出的哲学理论，

被视为超越认识论美学局限的理想支点。该理论在批判现代心理学、生理学的基础上，拓展了康德的"图式"和胡塞尔的"身体意向"等理论，论证了"身体"作为原初意向性所在。此外，洛伦茨也提出了身体图式理论，该理论旨在解释人们是如何理解自身身体在空间中的位置和运动状态的。身体图式被认为是隶属于身体的一种认知方式，通过感觉、运动和空间知觉等方面的信息，建立自身身体在空间中的认知模型。

身体图式对个体的发展、身体认知和运动控制起着至关重要的作用。它帮助我们感知自身身体的位置和姿势，使我们能够进行准确的运动和保持平衡。通过身体图式，我们能够感知到自身身体部位的相对位置和运动方向，从而使我们能够有效地协调运动和掌握空间导航。同时，身体图式还能够影响我们对身体力量和稳定性的感知，从而调整我们的肌肉收缩程度和身体姿势，以确保运动的协调和平衡。身体图式反映了个体对自身身体形态的认知，包括肢体长度、重量、体积等方面的感知。涉及个体对自身动作能力的认知，即个体对自己能够做到的动作范围和能力的感知。包括了个体对身体在空间中的定位和方向感的认知，即前、后、左、右、上、下等方向的感知。个体还通过身体图式感知到了重力的存在和作用，这对于平衡和动作的控制至关重要。还包括触觉、压力、温度等方面的感知。

身体图式在沉浸式交互设计中扮演着重要角色，它可以增强用户的沉浸感，提高用户的参与度，并改善用户对虚拟环境的理解和交互体验，从而创造出更加丰富、真实和令人满意的沉浸式体验。

四、DOF观察自由度

DOF（Degree of Freedom，自由度）本意为物理学概念中度量物体运动的坐标数。以物质在环境中的运动方式可以分为六种，分别是位移运动：前后、左右、上下；旋转运动：左右辗转（Roll）、左右横摆（Pitch）、水平旋转（Yaw）。而我们所说的3DOF的VR设备（眼镜），是指该VR设备可以检测到头部向不同方向的自由转动，但是不能检测到头部的前后左右的空间位移。而6DOF的VR设备（眼镜），则除了检测头部的转动带来的视野角度变化外，还能够检测到由于身体移动带来的上下、前后、左右位移的变化（图4-3）。

3DOF和6DOF是VR和AR设备中常用的术语，用于描述设备在三维空间中的自由度。

3DOF设备允许用户在三个轴向上旋转，但不能进行位置上

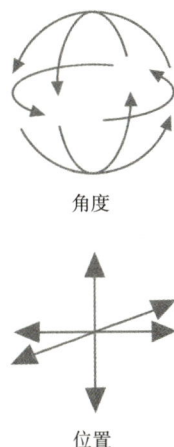

角度

位置

图4-3 DOF中角度与位置关系图

的自由移动。一般来说，这三个轴是x轴（俯仰）、y轴（偏航）和z轴（横滚）。以VR头显VIVE-P130为例，用户可以通过旋转头部来改变视角，但无法通过走动或者身体移动来改变在虚拟环境中的位置。

6DOF设备具有比3DOF更高的自由度，允许用户在三个轴向上旋转，并且可以在三个轴向上进行位置上的自由移动。这意味着用户可以在x轴、y轴和z轴上进行位置上的移动，同时也可以旋转头部以改变视角。6DOF包括了用户可以在三个平移自由度（沿x轴、y轴和z轴）和三个旋转自由度（绕x轴、y轴和z轴）上自由移动和旋转。6DOF维度可以实现用户与虚拟世界的深度交互，利用6DOF设备可以实现如现实世界一样的运动体验，以此带来更加深入的沉浸感。以具有6DOF的VR头显为例，用户不仅可以通过旋转头部来改变视角，还可以通过行走或者身体移动来在虚拟环境中自由移动。

3DOF设备通常比6DOF设备更简单、更便宜，因为它们只需追踪头部的旋转而不需要追踪位置上的移动。但是，6DOF设备提供了更加沉浸式和自由的体验，支持用户可以自由地在虚拟环境中移动，这对于虚拟游戏、模拟培训等应用来说非常重要（图4-4）。

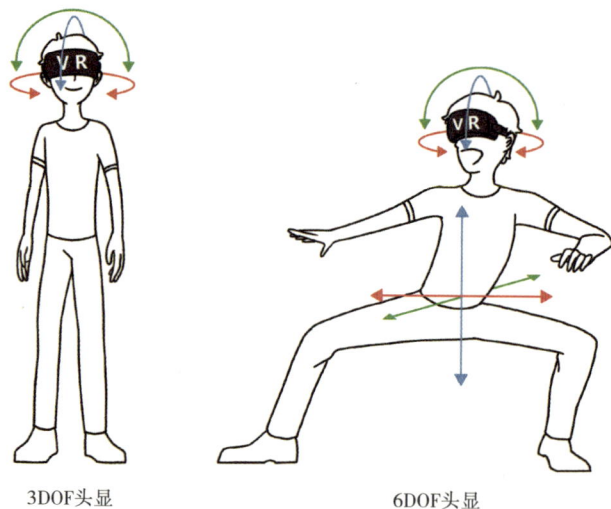

3DOF头显　　　　　　　　6DOF头显

图4-4　3DOF/6DOF头显对比图

五、联觉与通感

设计与艺术的表达是以"艺术语言""视觉语言""产品语意"等来满足人的生理感官和精神需求的创作。作为语言艺术，"联觉"和"通感"也被用到设计当中。近几年，随着交互设计的发展，越来越多的研究者、艺术家、设计师开始关注人的多感官"联觉效应"和"通感"，以更加有效地用交互设计的艺术性激发人们的感知和认同，有关"联觉""通感"方面的研究和思考也开始更多地涌现出来。

联觉（Synaesthesia）比较好理解的解释为"感觉的结合"，即通常单独体验的五种感觉中的两种或两种以上不由自主地结合在一起，联觉是不同感官相互作用、补偿和兼容（图4-5）。

图4-5 多感官联觉感知图

联觉的研究，最早可以追溯到古希腊亚里士多德在《论灵魂》一文中的说法：声音有"尖锐"和"钝重"之分。这种说法是为了比喻人的触觉而产生的，认为听觉和触觉虽然是两种不同的感觉，但却有相通之处。美国心理学家豪厄尔斯（Howells）成功地在人身上形成了人工的"颜色"——听觉条件反射，并在进一步研究中发现，声音在颜色混合中，起着与颜色相同的作用。这一实验充分说明了联觉与条件反射的紧密联系。苏联心理学家彼得罗夫斯基指出"联觉是在刺激一个感官的影响下产生另一感官所特有的感觉"；美国心理学家克雷奇（Krech）直接把联觉表述为"某种感觉感受器的刺激也能在不同感觉领域中产生经验"。

根据联觉的理论基础、各领域学者对联觉效应的研究，联觉效应主要发生为感知转移和多感官叠加两种过程。

其一，感官之间的互动和转移被称为感知转移。从生理学角度来看，感知是获得相关经验的基础。当大脑的不同感知区域被联系起来并产生普遍式的兴奋时，人们获得一种感觉并迁移到另一种事件。由于感知转移会使人们从一个感觉输入中获得更舒适的感觉体验，所以它经常被用于产品设计中。例如，切开的柠檬的外观可以使人的舌头尝到酸味（图4-6）。

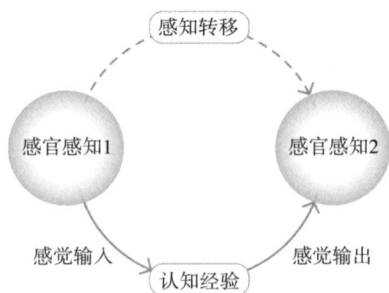

图4-6 感知转移过程图

其二，除了几种感官之间的联系和相互作用外，单一的感官体验可能会引发众多的感官情绪的现象叫作多感官叠加。其包括更有深度、更复杂的感觉，是联想体验水平的提高，是感官交流的一个衍生阶段。

"通感"是建立在联觉基础上的，反映人类普遍的"文化艺术"感知过程和结果，即"通感"在设计中的应用特征与效果。钱锺书在《通感》一文中提到"在人的心理感觉中'基于联想而生通感'"。在人生的漫长历程中，人们在社会中经过了长期的学习和实践，过程中会有许多感官体验以及感知经验，当再次遇到多方面的感官刺激时，大脑会根据长时间的经验积累，在联想和想象的加持下对感知进行补充。这种将外界获得的陌生且新鲜的感官体验转变为大脑熟悉的感官认知的过程，就形成了人对客观事物不同层次的认知。语言学家关注"通感"，认为它是作为一种诗化语言的修辞表达，例如苏东坡描写"这位佳人歌声曼妙婉转，就像是雪片飞过炎热的夏日一样，有着沁人心脾的清凉"，将歌声形容出一种清凉的感觉，在现代语言里已经把这种表达定义为"通感"修辞（图4-7）。

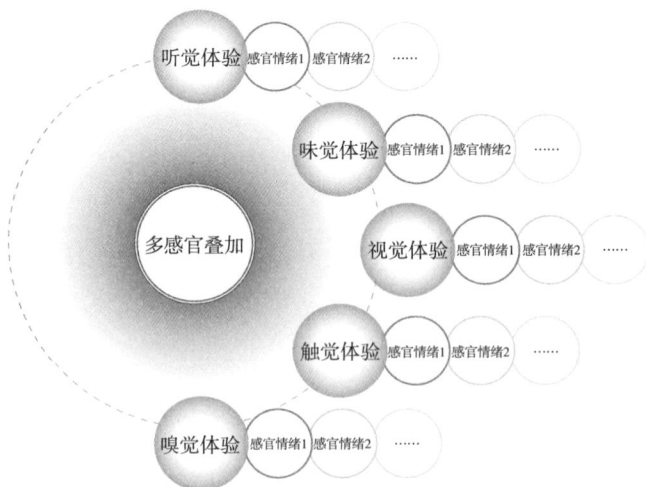

图4-7 通感多感官示意图

乌尔曼（Ullman）提出，联觉与通感的发生不是任意的，而是遵循从低级感官向高级感官迁移的规律。因此，联觉与通感具有由浅到深不断深化的特性。浅层次的理解将通感看作是以一种感觉为引导去体验和理解另一种感觉的过程，而更深层次的研究则将其表述为一种由外界刺激所产生的多感官映射的认知现象。设计师利用不同感官之间的交互作用，使参与者能够在感知上产生交互性和综合性的体验。增强人们对于环境的感知和理解，提升感知体验的丰富度和深度。

随着由情感和想象等构成的复杂形式，依据体验层次的不同，可分层表述为移觉式通感体验、混觉式通感体验、心觉式通感体验，从最初低层次众多感知器官参与的体验，深化至多感官参与并叠加情感意象的状态，最终升华到最高层次中情感感知物我交融的状态，达到人与物心灵层面和谐与统一。

"联觉"与"通感"构建与之对应的受众生理层、心理层和情感层递进关系，挖掘出认知经验和文化意象的要素，为交互艺术设计方法提供了依据（图4-8）。

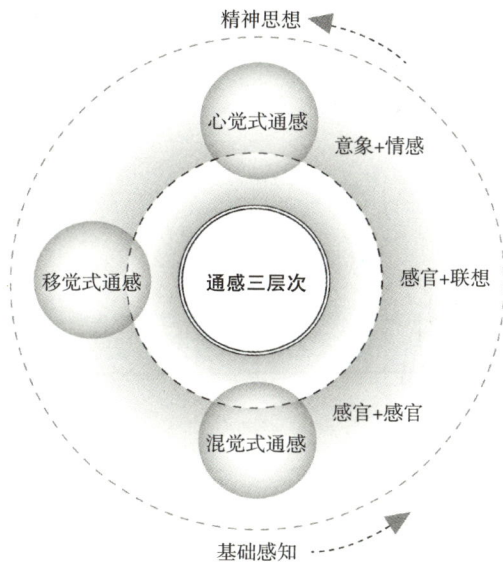

图4-8 通感三层次示意图

第二节 沉浸式媒介交互特点

VR、AR、MR媒介都是沉浸交互媒介，但由于不同媒介技术特点不同，在虚拟与现实世界结合的处理方式与交互方式有比较大的区别，如何把握它们的区别，利用不同媒体交互优势，避免短板，直接会影响不同媒介的交互设计效果。

一、VR媒介的交互特点

VR应用可以使用户完全进入一个由计算机生成的虚拟世界，屏蔽现实环境。通过视觉、听觉，有时还有触觉反馈设备（如VR头盔、耳机、触觉手套）来提供沉浸感。通常需要专门的VR头显、手柄和高性能计算设备支持。通过头戴式显示器和其他输入设备（如手柄或传感器）与虚拟环境进行交互。

这里先以VR头盔即VR头显来说明。VR头显从交互方式上可以大体分为两种，第一种是移动端的头显设备，第二种是外接式头显设备（图4-9）。

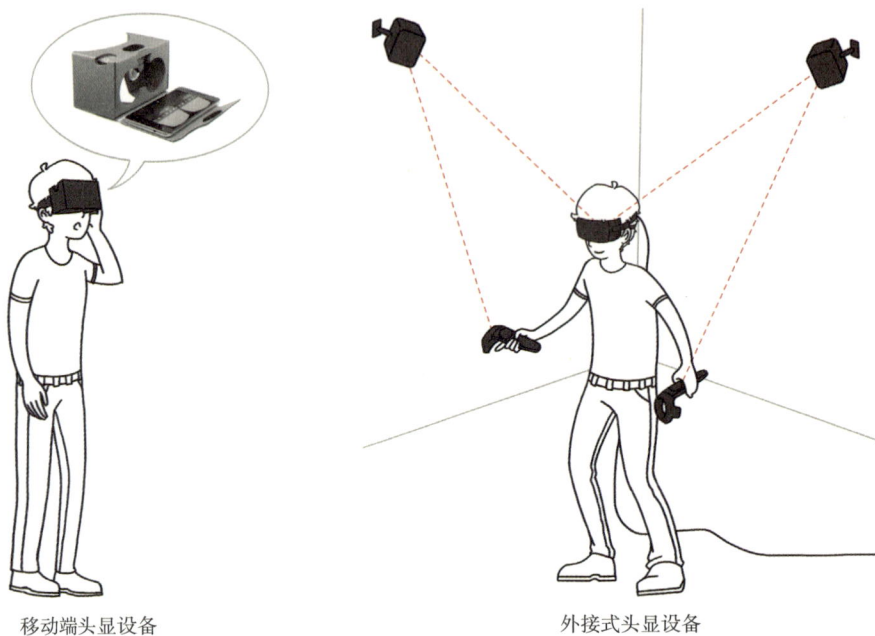

移动端头显设备　　　　　　　　　　　　　外接式头显设备

图4-9　移动端头显设备于外接式头显设备对比

（一）移动端头显设备的交互设计要点

移动端头显设备，结构简单、价格低廉，只要放入手机即可观看，使用方便，但受到设备限制，基本只能完成3DOF观察交互，即只能完成原地上下、左右旋转观察，少了位置（前后、左右、上下移动）的自由度。虽然3DOF的比6DOF少了位置的自由度，但合理利用其特点，仍然可以实现一定程度的沉浸感。除了观察交互形式外，设备支持也比较局限，多以注视激活交互为主，部分移动端头显设备上加设了交互按钮，可以通过按钮实现射击、点击等简单功能。对于这类设备如想实现较好交互沉浸感，需要充分利用其交互设备交互设计要点开展设计。主要包括以下几点。

1.利用"移动动画+距离触发"交互方式

为可以设计观察角度自动位移动画，弥补3DOF中前后、左右、上下移动自由缺点，在动画路径上设置较多的距离触发反馈，增强沉浸交互感受。如假设用户坐在移动马车上，完成漫游浏览动画，利用头部转动进行视线观察，当用户坐马车经过门口时，门自动触发打开反馈，经过其他三维角色，角色自动触发打招呼的动画反馈。这种"移动动画+距离触发"的交互方式可以有效弥补3DOF的劣势，使用户体验过程感觉更加自然和直观。

作品《谷物人和》挖掘梳理了河套小麦发展史，将手推车这一传统农具作为交互媒介，使用 VR 设备–HTC VIVE 以及 Tracker 追踪器对农具在物理世界中的运动信息进行追踪。通过具身行为的仿制，将行为状态映射到虚拟世界中，还原农事生产活动和历史生活场景，实现具身行为的沉浸式交互体验（图4-10）。

图4-10 《谷物人和》项目体验　张霞

2.设置视觉关注互动

利用3DOF自由观看特点，用户通过注视某一目标进行选择或触发操作。在视觉中心设置一个关注点，通过视线移动、停留来触发反馈。同时设计视线关注相关交互情景，如射击瞄准、看向移动等动作。

移动端头显设备的3DOF交互具有方向控制、简单直观、适用范围广、成本较低，如设置合理沉浸式交互方式，将为用户提供一种简单、直观的交互方式，适用于一些特定的VR和AR应用场景。

（二）外接式头显设备的交互设计要点

比起移动端头显设备来，外接式6DOF观察自由度头显设备，通常配备了专门的手部追踪设备或传感器，可以实时捕捉和识别用户头部、手部甚至身体其他部分的动作和姿态（图4-11）。为用户提供一种直观、灵活、沉浸式的交互体验，丰富用户与虚拟环境的互动方式，用户体验较好。设备如有HTC VIVE 、Oculus Rift等。对于这类设备给设计师留有更大交互设计空间来实现沉浸感，其交互设计要点主要包括以下几点。

1.借助手柄完成自然交互

VR中手部动作交互系统的手势追踪技术发展历史较早，根据识别原理的不同，分为接触式手势追踪与非接触式手势追踪两个大类，前者借助外置设备如骨骼手套、标记点、导线等方式完成识别，而后者则主要基于计算机视觉的方式获取动作信息。在VR媒介中，手部动作感知交互是一种重要的

图4-11　相关设备图片

交互方式，外接式头显设备可以让用户通过手部动作来操控虚拟环境中的对象，进行操作和互动。VR媒介中手部动作感知交互具有手势识别、手部操作控制、手势交互功能、虚拟工具操作和实时反馈等特点。

VR设备通常配备了专门的手部追踪设备或传感器，可以实时捕捉和识别用户手部的动作和姿态。用户可以利用手部动作来控制虚拟环境中的对象，在VR环境中，用户交互可模拟真实世界习惯展开设计，例如可以利用手部使用习惯动作来操作虚拟工具进行交互，如抓握画笔、开弓射箭等。通过手势来控制虚拟工具的运动和操作，来拿取、放置、旋转、拉动等。这种手部操作控制使用户能够更直观地操控虚拟对象，增强了用户与虚拟环境的互动感。

作品《焚香寻梦，阮图之音》以阮这一古老的乐器为核心，巧妙地将传统文化与超现实元素相结合。玩家将在虚拟现实中置身于古画描绘的场景中，以第一人称视角坐于小船之上，通过手柄设备的移动功能，模拟划船，佩戴头盔设备观看周围的诗意画面。随着焚香袅袅，探索宋代文人雅士的生活情趣，体验阮音的独特魅力。这不仅是一场视觉与听觉的盛宴，更是一段穿越历史的奇幻之旅，让玩家在沉浸式体验中领略中华传统文化的深邃与悠远（图4-12）。

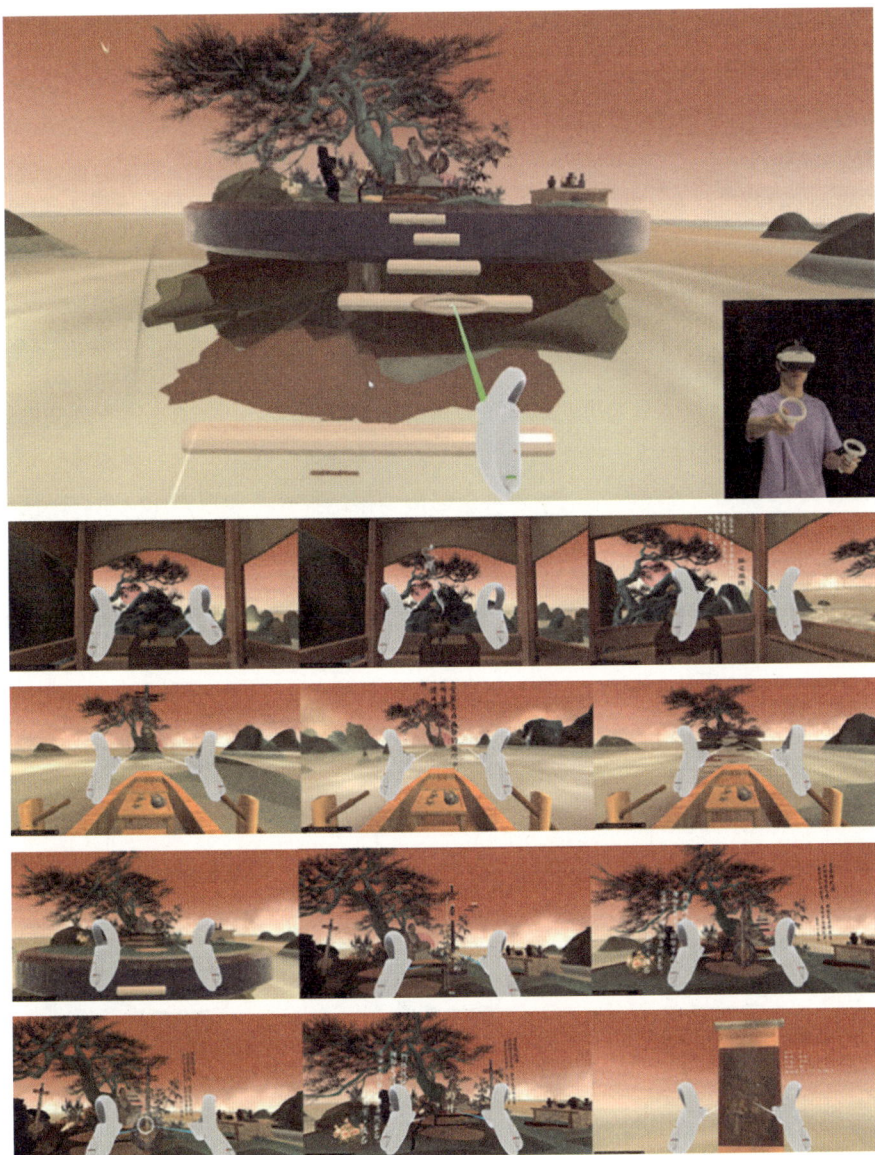

图4-12 《焚香寻梦，阮图之音》VR体验设计　张禹晨　王可

2.借助6DOF交互特点设置观察交互

在VR媒介中，6DOF观察交互指的是用户能够在六个自由度上自由观察虚拟环境的交互方式。VR技术允许用户在三维空间中自由移动和探索艺术作品。通过头戴式显示器和空间定位系统，用户可以在虚拟环境中走动、观察和互动，感受作品的立体感和空间层次。六自由度空间的定位，使用户能够在虚拟现实世界里，不受约束地随意移动，能够避开迎面飞过的物体，又或者在虚拟空间里自由穿行。6DOF设备允许用户在实现旋转运动的同时，可以捕捉用户在三维空间中的水平运动与垂直运动，利用

激光或红外硬件结合软件实现对用户的定位追踪，能够检测头戴显示器佩戴者在空间坐标系中的位置。6DOF的实现不仅给用户提供了在虚拟世界中自由移动的视点，同时也提供了更为丰富的交互体验。通过6DOF的VR装置，用户不但能够跟踪头部以及整个人体的空间活动，而且能够在虚拟现实中像在现实世界中一样用手能直接触碰到一切。

6DOF观察交互为用户提供了更加沉浸式的体验，让他们仿佛置身于虚拟环境中。故作为交互设计师在设计时需要合理安排用户交互任务，利用6DOF交互优势，设计不同的寻找、细看、躲闪、下蹲、观察等交互行为，引导用户在虚拟环境中自由移动头部，在各个方向上观察场景，获得全方位的视角。用户在自由地探索和感知虚拟环境过程中，增强了虚拟体验的真实感和参与度。用户可以通过自然的头部移动来控制视角，这种自然感知的交互方式更符合人类的习惯和直觉，使用户能够更轻松地适应和使用VR系统，更好地感知物体的位置、距离和深度（图4-13）。

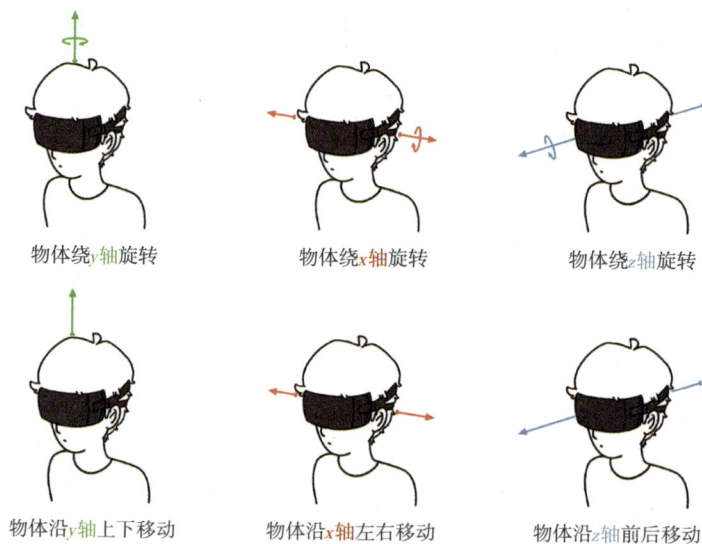

物体绕y轴旋转	物体绕x轴旋转	物体绕z轴旋转
物体沿y轴上下移动	物体沿x轴左右移动	物体沿z轴前后移动

图4-13　3DOF和6DOF移动示意图

3.借助多种感知反馈激发"联觉"效应

除视觉感受外，VR设备可实现比较自然的触觉、听觉等反馈。利用触觉反馈设备（如力反馈手柄和振动手套）的震动功能，为观众实时感受触觉、震动刺激提供可能。同时，通过头显的耳机及环绕音响系统，可以模拟不同方位与距离的声音，增强空间感和沉浸感等。

在VR交互设计中，多种感觉域在不同层次之间的相互转换和映射构建了通感体验。通过多感官的刺激，如视觉、听觉、触觉等感知的联动，实现视觉、听觉和触觉的多感官功能叠加，丰富观众在生理层次的感知形式，增强沉浸感、互动感和参与感。当位于生理层的多种感知叠加与整合，并附加了人的认知记忆和经验，便可上升到知觉层的体验，继而激发"联觉"效应。如手握雨伞在大雨中行走的虚拟体验，大雨景象、雨声、手握雨伞的震动同时叠加反馈会给体验用户较逼真的沉浸交互感。

二、AR媒介的交互特点

AR交互设备一般为通过移动手机或者平板电脑等移动设备，将虚拟元素叠加在现实世界中，使用户可以在真实环境中与虚拟内容进行交互。这种媒介的特点有以下几方面。

（一）通过环境识别功能实现虚实融合

AR媒介利用设备（如智能手机、平板电脑、AR眼镜）的摄像头和传感器，检测平面、物体和环境的深度信息，从而将虚拟内容准确地定位在真实世界中。并根据用户的位置信息实时感知用户所处的环境和位置，定位和展示虚拟内容。这种实时感知方式使用户能够与周围环境进行互动，并根据需要调整虚拟内容，通过虚拟内容来增强现实世界中的信息展示。这种真实环境中的叠加虚拟内容使AR交互更加直观和自然。

图片识别

从技术的角度来说，环境识别包括图片识别、平面识别、物体识别、空间识别等四种模式，可以满足各种不同需求的应用（图4-14）。

平面识别

从体验感受的角度来说，AR的核心特点是将虚拟对象和信息叠加到现实世界中，使用户可以同时看到真实环境和虚拟元素并与之互动。这种融合要求设计师考虑如何将虚拟内容自然地集成到用户的物理环境中，使其看起来像是现实的一部分。

物体识别

从信息表达的角度来说，AR应用需要感知和理解用户所在的环境信息，需要考虑如何利用虚拟元素信息为真实空间带来信息补充。由于用户在AR中是可以完全看到真实世界的，那么对出现虚拟交互设计就有更高要求，一般情况下，出现真实空间所没有的"意料之外"的信息交互会收到比较理想的效果。

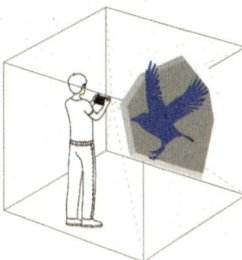

空间识别

图4-14 识别类型示意图

作品《矿石共生》AR体验设计以内蒙古自然博物馆为使用场景，针对三种能发生共生关系的矿石（萤石、水晶、毒砂）进行采集，最后根据指引去往矿洞进行合成。

采集萤石时会出现虚拟水珠以及萤石粒子动画，采集水晶时会出现AR雨天效果，采集毒砂时周围会产生AR起雾效果。用户可以在内蒙古自然博物馆真实的场馆中体验到矿石背后的知识信息。其实现了在真实世界中虚拟影像和虚拟动画的叠加（图4-15）。

图4-15 《矿石共生》AR体验设计 方宇星 江雪 张萌

（二）依赖镜头位移实现自由交互

AR媒介有两大特点，其一，交互通常指用户手握移动设备，可以不停地变化角度位置来实现在水平方向（x轴、y轴）、垂直方向（z轴）的旋转以及在位置上、高度上的移动。其二，一般情况下AR媒介缺少其他手柄型交互支持。所以，AR媒介交互就比较依赖摄像机与虚拟物体之间的位置、距离、观看角度来完成交互，如距离触发交互、不同角度的观察交互等都会收到较好效果。但是受到镜头与扫描体限制，过远距离的移动会导致虚拟造型不稳定，在这里不建议使用。

作品《时溯》通过AR技术，带领用户穿越时空，在真实世界中生成对应的虚拟物体，用户通过摄像机的转移，可以查看虚拟物体的变化。这会唤醒用户的回忆，与用户产生情感共鸣（图4-16）。

图4-16 《时溯》AR体验设计 李慧斌 李彤 黄鑫塬

（三）利用可移动特点实现交互便携性

AR设备通常是移动设备（如智能手机和平板电脑）或头戴式设备（如AR眼镜）。这种移动性要求设计时考虑用户在不同环境和情境下的使用体验，如公园、街道、遗址等现场，只需要用户自行下载安装，就可以达到体验效果。在交互设计上结合参观、欣赏、观察等行为展开设计，设计交互内容更为贴切。这种随时随地就可以展开的交互方式使AR在很多真实场景中的应用更加灵活和易用。

作品《洄生》AR体验设计通过扫描之前真实场景空间中已定位的虚拟创意点进行体验，在其中通过移动交互，探索废墟、解开谜题、发现遗迹，并体验故事情节的发展（图4-17）。

图4-17 《洄生》AR体验设计 王可 高元昊 张禹晨

三、MR媒介的交互特点

MR将虚拟对象和现实环境无缝融合，虚拟对象能够使用自然的手势、语音命令与现实世界中的物体互动。虚拟内容不仅是叠加在现实中，还能感知和响应现实环境的变化，但需要复杂的传感器、摄像头和强大的计算能力来实现虚实融合（如微软的HoloLens）。

MR涉及的关键技术主要有注册跟踪技术、空间映射技术、交互技术。MR技术可概括为凝视（Gaze）、手势（Gesture）、语音（Voice）3种主要输入形式，以及协同共享（Sharing）、空间映射（Spatial Mapping）、空间坐标（Spatial Coordinate）、空间声音（Spatial Sound）4种空间技术。

（一）利用"空间计算"实现人与空间的交互

空间计算是MR技术的底层建设之一，为MR技术的发展提供了重要的支撑和基础。空间计算涉及多个领域的技术，包括三维重建、空间感知、用户感知和空间数据管理等，这些技术为MR提供了将虚拟内容与现实世界无缝对接的能力，同时也为MR提供了更加沉浸式、交互式的体验。空间计算通过实时计算和空间数字孪生技术，从而更好地实现人与空间的交互，让人产生沉浸感体验。空间计算包含三件事：一是让媒介计算空间，包括空间大小、机器所处的精确位置、人和物的空间关系等；二是实现数字内容融合于物理世界中。并与真实物理空间准确对位；三是实现对空间元素的控制与交互，比如用语音、手势对空间中的数字内容进行操作。为更好地实现MR媒介感知和交互，在设计中需要利用空间计算功能，注意以下几点。

其一，充分利用物理空间造型特点生成虚拟元素。

其二，需要重新定义人与虚拟空间的关系，设置能与用户发生交互的虚拟情景，并融入人们创想的生活和工作场景。

其三，加入位移、手势、语音等交互控制手段，对空间中元素进行操控。充分发挥增强MR空间计算技术的作用，能够无缝地混合数字世界和现实世界，让两个世界可以相互感知、理解和交互，创造前所未有的体验（图4-18）。

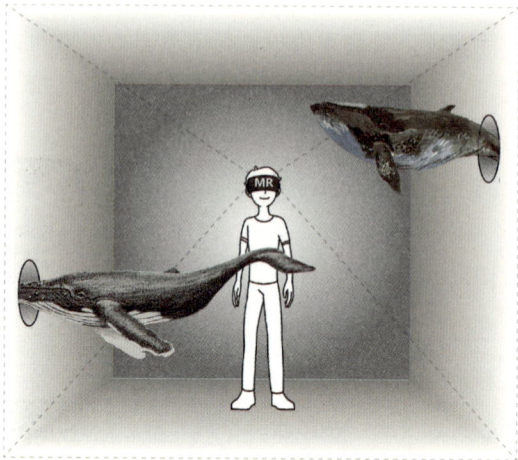

图4-18　MR空间识别示意图

（二）语音交互

MR媒介中的语音交互是一种基于语音识别和语音合成技术，可以将语音输入作为一种传达意图的自然方式。语音交互让用户可以以自然的方式与MR系统进行沟通，无须使用手势或物理控制器。与手势交互相比，语音交互不需要用户进行手部操作，因此可以减少用户的身体疲劳和不便。这种自然交互体验使用户能够更轻松地控制虚拟对象、执行操作或获取信息，使交互更加便捷和舒适，提高了交互的效率和便利性。语音交互可以支持多种功能和任务，包括控制虚拟对象的移动、执行特定操作、获取实时信息等。通过语音识别技术，系统可以识别用户的语音指令，并根据用户的需求和偏好来调整虚拟环境中的设置或显示内容，满足用户的个性化需求。MR系统通常会提供实时的语音反馈，即在用户发送语音指令后，系统会立即给予相应的反应或回应，提供个性化的交互体验。这种实时反馈可以帮助用户确认其指令已被正确理解和执行，提高交互的可靠性和用户满意度（图4-19）。

将语音命令带入VR场景或应用程序

图4-19　MR语音识别示意图

（三）利用"隔空手势"实现自然交互

手势是最基础和最自然的交互方式。从婴儿时期，人们就会使用一些简单的手势来表达和操作。语言不通时，也会用手势进行对应的交流，可以说，这是一种本能。手势交互可以让用户以自然的方式与虚拟内容进行交互，无须使用物理控制器或键盘、鼠标等外部设备。MR媒介中的手势交互是一种通过手部动作和姿态来控制虚拟对象或与AR内容进行交互的方式。MR媒介中的手势交互具有自然交互体验、身体表达能力、多样化的手势库、交互灵活性和实时反馈等特点，为用户提供了一种直观、灵活、便捷的交互方式。

适当采用手势设计，充分融合场景，将会让其学习变得更为自然和平滑。随着移动互联网和手机的普及，大量的手势被运用，形成了一定的用户习惯基础。同时手势配合对应的使用场景，学习门槛相对较低，可以让使用者更容易地领悟和体会。比如，看到界面右边还留有一部分图片时，会尝试左滑查看；当某一张图片看完时，会尝试性地用手指滑动来翻页。

手势是指人类用语言中枢建立起来的一套用手掌和手指表示位置、形状的特定语言系统。普遍研究认为，在人类历史中，手势先于语言被发明，且手势是语言出现的先决条件。其实人们在一直使用手势与他人和世界进行交流，使用手势早已成为人们的自然行为，所以手势交互也可以被称为自然交互方式之一。苹果、微软等公司在对MR的系列研究中，也非常提倡这种交互方式（图4-20）。

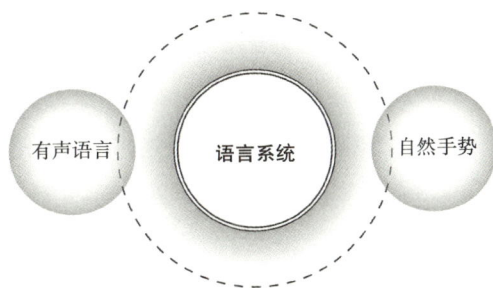

图4-20 语言系统示意图

普遍的手势操作设计我们分为三种，第一种为一般手势，即人与人之间的交互。第二种为触屏手势，即人与屏幕、机器三者间的交互操作。第三种为隔空手势，即人、传感器、机器、屏幕四者间的操作，如图4-21所示。隔空手势是人与机器交互（HCI）动作，是日常生活中的常见动作。因为缺少物理屏幕，隔空手势是人向XR设备发送指令的主要方式之一。

在MR手势交互设计中，腕部运动手势和上肢活动手势能有效增强用户体验。手—腕部运动手势包括手腕的转动、屈伸等细微动作，可以实现轻拍、捏合、伸展等多数隔空手势。适用于虚拟界面导航、物体旋转等精细操作。通过转动手腕可以滚动菜单项，或通过屈腕操作可以放大或缩小虚拟对象。这类手势操作直观且灵活，适合精细控制和快速指令输入。

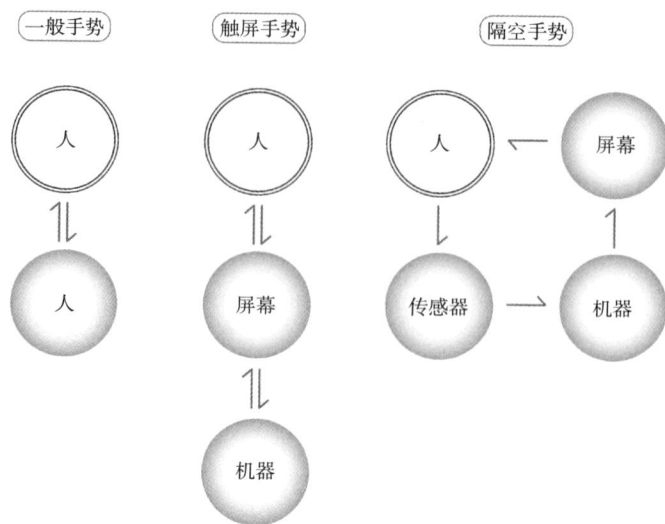

图4-21　隔空手势示意图

　　上肢活动手势则涉及整个手臂的动作，如举手、挥手、指点等。这些手势可以用于激活特定命令，如启动应用、暂停播放或拖动虚拟物体。上肢手势适合大范围交互操作，比如在虚拟场景中移动大型物体或进行体感游戏。它们为用户提供了更加沉浸式的体验，尤其在教育培训、康复训练、娱乐游戏等领域有着广泛的应用。虽然手—腕部运动手势和上肢活动手势有很多优势，但它们也存在一些劣势。

　　手—腕部运动手势的劣势主要在于其识别的准确性和范围限制。因为手腕的动作较小，系统在识别精细手势时容易受环境光线、手势重叠等因素影响，导致误操作或识别错误。此外，由于动作范围有限，腕部手势不适合用来控制较大范围或复杂的交互，这可能限制了它在某些应用场景中的使用。

　　上肢活动手势的劣势则在于体力消耗和空间需求较大。长时间使用上肢进行大范围动作会导致用户疲劳，肌肉疲惫感增长率高。特别是在需要持续抬手或挥手的操作中。此外，上肢手势通常需要更大的空间来进行完整的动作，这在狭小的环境或多人同时使用时可能会造成不便（图4-22）。

　　（1）长时间使用不合理的手势，容易造成疲劳，甚至影响健康。

　　（2）手势交互缺乏触觉反馈。

　　（3）相比键鼠，手势交互不够精确：比如用手势将物体旋转31°。

　　（4）不同文化背景下的相同手势，意义可能不同。

　　（5）手势冲突：系统手势与第三方应用手势可能有冲突风险。

　　然而，设计有效的手势交互并非易事。设计者需要注意到，不同的用户可能习惯不同的手势，因此需要提供一定的手势定制性。同时，为了防止误操作，设计者还需

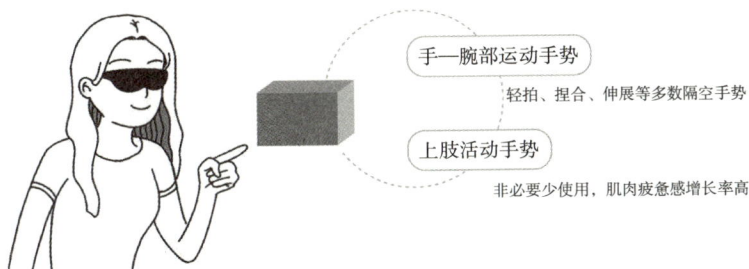

图4-22 手—腕部运动手势与上肢活动手势对比图

要考虑到手势的精确度和容错性。此外，由于XR设备的硬件限制和技术难题，设计者还需要面对如何将复杂的手势识别和处理算法融入有限的硬件资源中的挑战（图4-23）。

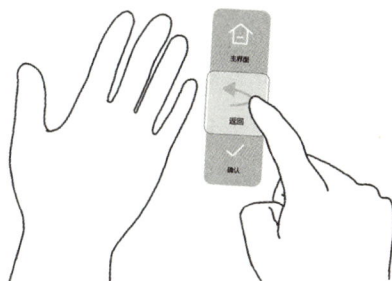

图4-23 MR手势识别示意图

MR系统通常会内置多样化的手势库，包括常见的手势动作如点按、捏取、放大缩小、旋转等，以及自定义的手势动作。用户可以根据需要选择合适的手势来完成特定的操作。可以支持多种交互动作和手势组合，使用户能够根据自己的习惯和偏好来选择合适的交互方式。这种交互灵活性使用户能够更好地适应不同的应用场景和任务需求（图4-24）。

图4-24 MR系统内置的多样化的手势库

为更好地实现MR媒介隔空手势交互控制，在设计中应注意以下几点。

其一，手势设计需要符合用户本身的行为习惯，只有从用户实际生活中的使用习惯中衍生出来的交互方式，才能够很快被学会并应用，也可以使用已经有现实隐喻和习惯的手势（点击、滑动、波动、OK手势等）来提高用户的心理预期，减少学习成本。比如歌曲切换上一首或下一首的手势，一般往右的方向是下一首，往左的方向是上一首。如果按照相反的方向进行设计，就会破坏用户喜欢，让用户感到不知所措。

其二，再简单的手势操作，也需要用户自身去发现和学习。首先，因为用户能记住的手势数量非常有限，尽量使用少的手势来完成交互。其次，如何能够引导用户快速掌握和学会，也是手势设计中至关重要的一部分。

其三，并不是说所有的操作都适合设计成手势，必须合理合适才行。一些低频和精细化的操作，本身就不适合设计为手势，如果强行加入，反而会引发用户反感。比如，在一个看小说的APP中，将小说的登录、选择、搜索等都做成手势的话，相信用户看完一本书下来，手可能都要酸了。

其四，了解设备捕捉手势的范围。比如，国内某些AR眼镜只有一个或两个摄像头用于捕捉手势，在用户使用手势交互时，不得不将手抬高些。Quest2和一些国内VR头显则在四角布置了摄像头，捕捉范围更大，手势操作区也会更大。苹果Vision Pro就更夸张了，在机器下方也布置了摄像头，能够保证用户把手放在摄像头范围内就能被识别（图4-25、图4-26）。

图4-25　单目摄像头方案的AR眼镜

其五，使用低负荷、高效率的交互方式。多使用手腕摆动和手指摆动的手势，来减少肌肉负荷。用户与 UI 元素交互时，始终考虑用户的舒适度。以尽量减少进行大而剧烈的运动交互、长时间保持手臂抬起交互动作、将手臂举过肩膀交互动作、完全伸展手臂交互动作等。

其六，配合视听觉反馈，来增强手势交互体验。手在戳点时，无法获得有效的触觉反馈，所以视觉和听觉上的反馈尤为重要。同平面

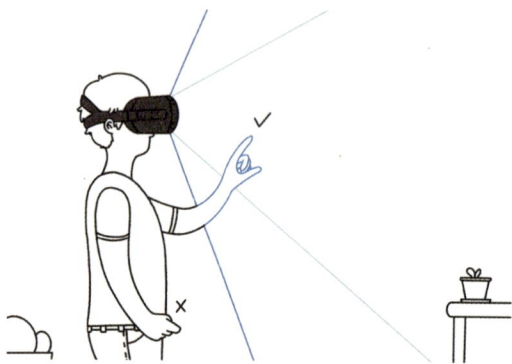

图4-26　当手的位置过低时，隔空手势则无法识别

的UI设计一样，控件的状态反馈越全，体验越好。

其七，适宜的交互区域。可交互的元素，应该摆放在合适的位置、合适的角度，同时也应当根据位置情况设置成适合手部交互的大小。比如，根据微软和Leap Motion提供的数据，适用于近场交互的距离在45~60cm，意味着按钮、模型等可交互物体，需要放在此位置，来保证手能直接触达。同时在45cm处的按钮大小，微软推荐至少要有1.6cm×1.6cm，来保证适合触摸。在设计时，可以将微软提供的数据作为参考（图4-27）。

近端徒手与物体交互时，存在最佳的手眼协调区域。有研究实验得出，此区域为水平方向上的-25°~35°；垂直方向上的15°~20°（图4-28）。

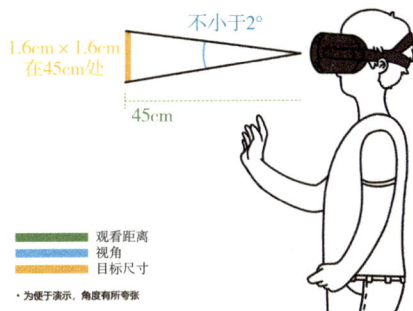

图4-27 可交互物体放置的合适距离

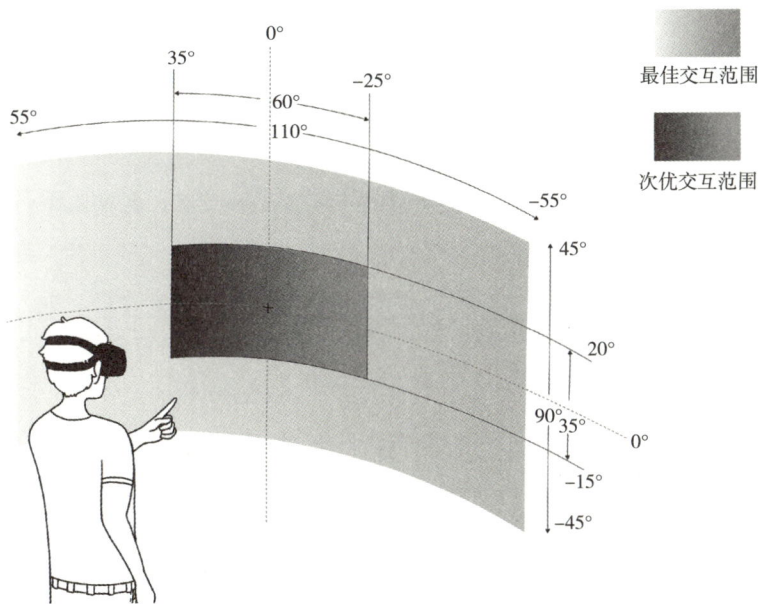

图4-28 可交互物体放置的合适位置

总的来说，XR中手势设计是一个需要综合考虑许多因素的复杂过程，其中包括用户的习惯、使用场景以及技术的限制。设计者需要在这些方面做出权衡、选择。

（四）眼动追踪

MR媒介中的眼动追踪交互技术使用户能够通过眼睛的注视来进行交互。眼动追踪交互在MR媒介中具有自然直观、高精度快速响应、适用性广泛、无须身体移动和个性化交互体验等特点。

眼动追踪在人机交互中的作用,可以分为以下几种类型,如图4-29所示。

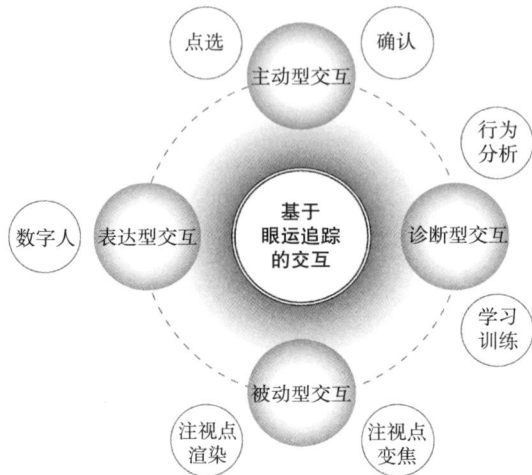

图4-29　眼动追踪在人机交互类型

1.主动型交互

眼动作为一种输入(Input)方式,主动与界面进行交互,包括选中、确认等操作,例如眼动追踪系统可以追踪用户眼睛的运动,生成一个实时的光标,用户可以通过注视目标来控制这个光标,从而实现选择、点击或控制虚拟对象的功能。用户可以利用眼动追踪来浏览和选择菜单中的选项或功能,通过注视目标来触发相应的操作,实现菜单导航的功能。由于主动型交互需要通过眼动准确传达用户的"控制意图",因此其对眼动追踪的空间准确性和追踪时延都有较高要求。

眼动追踪技术可以用于文本输入,用户可以通过眼睛的注视来选择字符或单词,从而完成文本输入的任务。用户可以通过眼动追踪来控制虚拟对象的移动、旋转、放缩等操作,通过眼睛的注视来指定目标位置或执行操作,实现交互控制的功能。眼动追踪技术可以用于操作虚拟屏幕或界面,用户可以通过注视目标来进行选择、拖拽、缩放等操作,从而完成对虚拟屏幕的操作(图4-30)。

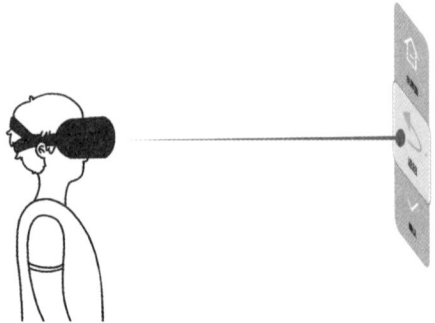

图4-30　MR眼动追踪示意图

眼动目标选择的工作原理是使用红外摄像头和传感器检测用户的眼球位置和运动方向。当用户注视某个虚拟对象或界面元素时，系统会记录眼球的注视点，并将其映射到虚拟环境中的相应位置。

在选择过程中，用户只需自然地将视线集中在某个对象上（如图标、菜单项、按钮等），系统会根据视线位置自动识别目标。通常在注视一小段时间（如0.5~1s）后，系统会将该目标标记为"被选中"状态。在目标选择完成后，用户可以通过眨眼确认、头部微动、语音指令、辅助手势等来进行目标确认。

眼睛凝视输入具有高速指向、不费力、隐含性的优势。可为多年以来根据用户手眼协调性实现的手写和语音输入体验提供强有力的支持。使用眼睛凝视作为输入可提供快速且简单的上下文输入信号。与其他输入（如语音和手动输入）结合在一起时，此功能非常强大，可以确认用户的意图。

预测的视线在围绕实际目标的视角范围内的1.5°~3°（图4-31）。预计会有轻微的不完善，因此开发人员应围绕此下限值规划一些边距，确认2m远处的最佳目标大小。

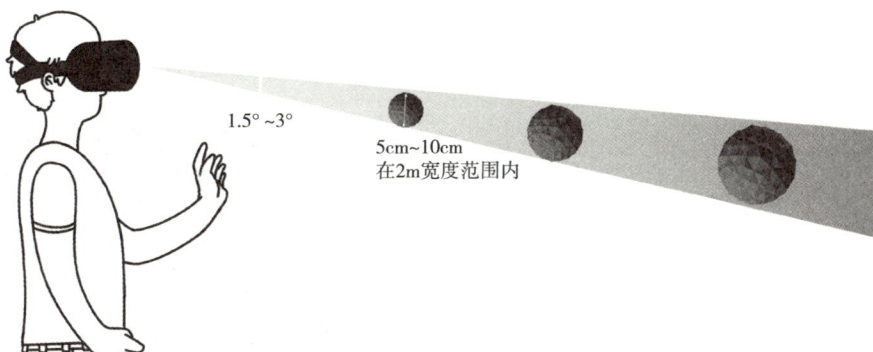

图4-31 舒适的物体摆放位置示意图

在MR媒介中，常用的眼控设计分为以下三种类型。

其一，注视选择，用户通过注视虚拟对象或界面元素来选择它们。系统会根据用户的注视点来识别用户正在关注的目标。通常需要用户在目标上注视一定时间（比如0.5~1s），以便确认选择。主要用于选择菜单项、激活按钮、打开文件或启动应用程序等操作。这种方法非常直观，适用于基本的界面导航和简单的物体交互。

其二，眨眼确认（Blink Confirmation），在注视选择的基础上，用户通过快速眨眼来确认已选择的目标。这种方式利用了自然的眼部动作来减少误操作。常用于需要避免意外而选择的场景，比如在医疗应用中操作敏感数据，或在设备设置中进行确认操作。通过眨眼来确认目标，用户可以减少误触发的概率。

其三，眼控滚动和缩放（Eye-Controlled Scrolling and Zooming），用户可以通

过注视屏幕边缘或特定区域来触发滚动动作，或者通过集中注视某个点来控制缩放。例如，在阅读长文档或浏览网页时，系统会根据用户的注视点自动滚动页面。在缩放场景中，用户通过长时间注视某点，系统会自动放大或缩小。适合用于查看地图、阅读文档、浏览网页和查看大型数据表等需要滚动或缩放的场景。眼控滚动和缩放能够提高导航效率，减少用户对手势或控制设备的依赖。

这些常用的眼控设计方式使MR媒介中的交互更加自然和直观，适应各种应用场景的需求，增强用户体验的灵活性和便利性。

2.被动型交互

被动型主要是指通过实时跟踪眼睛注视位置，来优化画面渲染的技术。比如注视点渲染，只在人眼视觉最敏锐的中央凹（Foveal）区域呈现最高分辨率，随着远离中央凹距离的增加，视敏度也会急剧下降，相应地只渲染较低分辨率的画面，从而大大降低头戴显示设备的画面渲染负担（图4-32）。

3.表达型交互 & 诊断型交互

表达型主要应用于驱动数字人，我们常说的"恐怖谷效应"（Uncanny Valley）其实很大程度上就是因为实体或建模的数字人眼神空洞，缺少生气，通过追踪用户真实的眼动行为并映射到虚拟形象上，可以达到更加真实自然的效果，也可以在虚拟形象社交场景中提供更加丰富的情绪反馈。Apple Vision Pro 的反向透视（Eyesight）功能也是一种基于眼动追踪的表达型应用，它通过内部摄像头追踪用户实时眼动再重新建模并渲染在外屏上，从而减轻佩戴者与旁边人之间的隔阂（图4-33）。

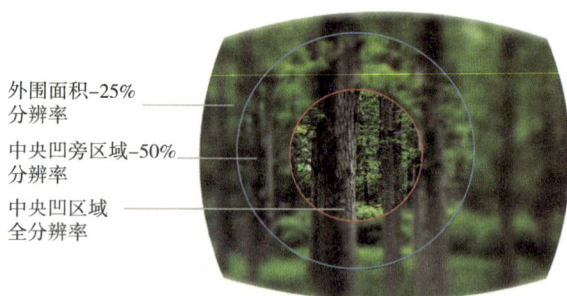

外围面积-25%分辨率
中央凹旁区域-50%分辨率
中央凹区域全分辨率

图4-32　注视点实现自动变焦功能

用户
虚拟头像

图4-33　追踪用户真实的眼动行为并映射到虚拟形象

第三节　沉浸式交互的设计策划

一、设计策略

（一）利用"媒介特点"实现感官的延伸

马歇尔·麦克卢汉（Marshall McLuhan）曾经提出"媒介即延伸"的观点，AR、VR、MR媒介技术就是体验者感官的延伸。媒介或工具是为了实现交互行为，技术手段对应到交互设计中就是指身体与技术交互的过程，身体的知觉系统受到VR技术的影响，技术调节身体的知觉内容，媒介技术参与构建身体的知觉结构，身体与VR技术的交互使身体获得知觉经验，在虚拟空间中技术媒介成了身体延伸。AR、VR、MR媒介具有不同的虚拟与现实世界信息处理方式和技术手段，在信息输入、内容控制、信息输出等方面有很大区别，在与身体建立连接时，设计要点也大为不同。熟悉并利用不同媒体交互优势，避免技术体验短板，为用户提供沉浸、舒适的感知延伸。

（二）根据"身体习惯"设计交互行为

随着数字孪生和镜像技术的发展，人机交互逐步从物质世界扩展到数字世界，随之而来的问题是个体身处物质世界、与数字世界进行交互时有缺失感。根据具身认知理论、身体图示理论，我们知道人的认知不是单纯的心智活动，而是根植于身体与环境的交互体验。为了减少体验者在虚拟环境中的认知负担，这就要求设计师在进行交互行为的设计时，尽可能保证交互行为的自然性，使之更加符合交互逻辑，贴近用户在现实世界中的行为习惯。设计师设计沉浸式交互行为时应遵循用户的行为习惯，将无意识行为和具身隐喻的联结效应运用于数字世界的交互中，能帮助消除人与机器间的认知隔阂，将用户"身体习惯"应用到数字沉浸式交互设计中。设计师可以从以下几方面入手。

（1）通过充分利用用户的身体图式、具身认知，创建更加真实和沉浸式的虚拟环境，使用户更积极地参与到沉浸式体验中。

（2）可以设计出更具交互性和参与性的体验，让用户通过身体动作和感觉来控制和影响虚拟环境，从而提高用户的参与度和投入感。

（3）设计出更符合用户习惯和自然的交互方式，使用户能够更轻松地与虚拟环境进行交互，使用户通过身体动作和感觉来探索和学习虚拟环境，提高用户的学习效果和记忆深度。

（4）通过设计具有丰富感官体验的虚拟场景和工具，让用户能够更灵活地利用身体动作和感觉来表达自己的创意和想法。

（三）设置简洁、清晰的信息引导

交互的目地是更好地表达信息，信息设计应该简洁、清晰，使用易于理解的信息引导，确保用户能够轻松地理解系统的功能和内容，减少误解和困惑。系统应该提供明确的操作反馈和指示，帮助用户理解系统的状态和下一步操作。

（1）使用简洁、清晰的用户界面，避免复杂和过度的信息展示。确保按钮和菜单易于识别和操作。保持一致的颜色、字体和图标设计，使用户能够快速理解和熟悉界面元素。以用户为中心，应始终以用户的需求和习惯为中心，确保用户能够轻松地完成他们的目标。尽可能简化，去除不必要的复杂性和冗余，以降低用户的认知负荷。

（2）设计合理、易理解的信息交互方式。明确要表达的信息内容，选择合理的交互方式，以确保需要表达的信息在交互方式下都能准确理解。

（3）渐进式分步引导。为新用户提供渐进式的教程和引导，逐步介绍主要功能和操作方法，避免一次性提供过多信息。在用户操作过程中提供上下文相关的提示和指导。例如使用箭头、路径线和指引标志，帮助用户在虚拟环境中找到方向和目标，在用户靠近交互对象时显示操作提示。

（四）参考"联觉效应"增强多感官反馈与通感

人的五官是感知外界环境和人造刺激的生理基础，是人与外界环境进行信息交流的主要途径。当人类受到外界刺激时，各种感官并不是独立工作的，而是相互作用，产生感觉上的融合，这些感官通道交互联结并相互作用，产生思维加工和心理映射。依据"联觉""通感"理论，我们认为：

（1）在交互设计时，需要依靠硬件交互和软件交互技术，将视觉、触觉、听觉的多感官效果叠加，形成信息的传达多维性和多模态。在多感官的认知基础上，从一个多维的通感体验来设计交互系统。

（2）利用想象、联想手段，针对用户对外在事物产生的既存印象、记忆与感知经验，进行调动、拆分与重新构建操作，触发感官之间发生的联想和迁移。或者依托个体的文化背景和生活环境从而产生高于联想和感触的情感。

（五）增设故事情节，提升互动趣味

从故事情节中提取影响故事情节发展相关的趣味互动行为，通过引发用户的好奇

心和探索欲望，吸引他们参与其中。设计各种交互式的谜题探索和任务挑战，让用户能够通过参与式交互来解决问题和完成任务。谜题探索可以是逻辑推理、解密密码、找出隐藏物品等；任务挑战可以是赛车比赛、射击游戏、跳跃闯关等，通过不断挑战用户的智力和技能，增加游戏的趣味性和挑战性。VR用户的体验效果、临场感和心流的认知过程决定了用户理解故事的方式和具身的体验感受。因此，通过设计富有吸引力和趣味性的交互方式，鼓励身体参与和体验，使用户能够全身心地投入交互过程中，激发用户的身体感知和运动，提升互动趣味。

（六）设计及时、有效的交互反馈

设计清晰且及时的交互反馈是确保用户理解其行为影响的关键。这可能包括视觉上的反馈，如按钮的状态变化或动画效果；听觉上的反馈，如声音提示或音效；触觉上的反馈，如震动或触觉反馈等。反馈应该及时、明确且符合用户期望。通过触摸、姿势、动作等方式，让用户能够直接感知产品的状态和信息。交互反馈设计时需要注意：

（1）反馈方式应该及时有效，让用户知道他们的操作是否成功，以及下一步应该做什么。在注视触发、转头触发、距离触发、点击触发等方式上设计触发成功与否的反馈形式。

（2）反馈方式要符合用户自然习惯，如使用手势、语音等自然输入方式。充分利用身体感知和反馈机制，使用户能够通过身体与产品建立直接的、自然的联系。

（3）反馈需要适当采取夸张手法，利用放大的尺寸，甚至夸张的画面给予用户及时的反馈，使用户获得良好的交互体验。

二、设计表达

（一）绘制交互流程示意图

交互流程图是一种用于展示用户与产品之间交互过程的图示工具。它通过一系列节点和连接线，描述了用户在使用产品时的操作流程，清晰展示出用户在不同页面或模块间的移动和交互，帮助产品经理优化界面设计和交互逻辑。在交互流程图中需要运用起点、动作、页面、条件这四种元素，表达页面之间的跳转关系，以此表现出交互中功能与流程（表4-1）。

在绘制交互流程图的过程中，首要步骤是确立明确的起始与终止节点。具体而言，在流程图的顶端，应设置一个明确的开始点，以标示整个流程的起始阶段。而在其底部，则应根据需要设置一个或多个结束点，用以明确标示流程的终结。

表4-1　交互流程图中的图例及其说明

元素	名称	意义
（圆角矩形）	开始或结束	流程图开始或结束
（矩形）	操作处理	具体的步骤名称或操作
（菱形）	判断决策	方案名称或条件标准
（箭头）	路径	连接各要素，箭头代表方向
（注释符号）	注释	解释说明

接下来，需逐一在流程图中添加所有必要的步骤。这些步骤的表述应力求清晰、简洁，确保每个步骤都能准确描述一个具体的动作或决策点。

首先，为了明确指示流程的方向，应使用箭头进行连接。这些箭头应准确无误地指向下一个步骤或决策点，确保整个流程的逻辑连贯性。

其次，在流程图中，若存在条件判断或分支路径，应使用特定的符号（如菱形）来明确标示。同时，还需清晰标注出每个分支的具体路径，以便理解在不同条件下流程将如何发展。

再次，在适当的位置，应添加表示用户输入和输出的符号，以体现交互流程中的关键节点。

最后，为了提高流程图的可读性和美观度，建议采用一致的符号和颜色进行绘制。这有助于减少阅读障碍，提高理解效率（图4-34~图4-36）。

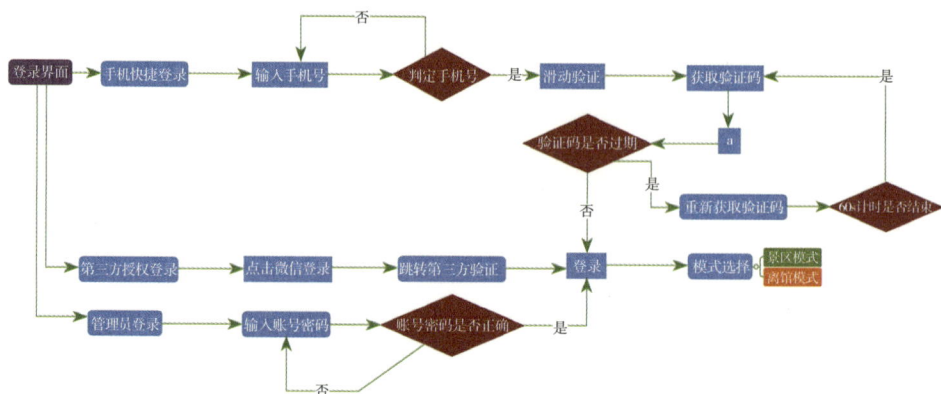

图4-34　交互流程图1

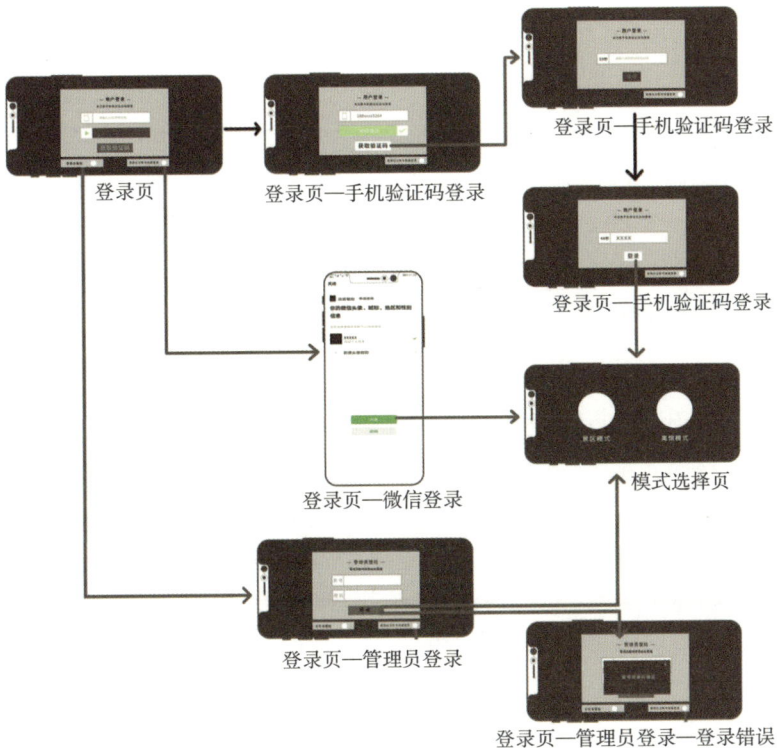

图4-35 交互流程图2

登录页

登录页—手机验证码登录

登录页—手机验证码登录

登录页—手机验证码登录

登录页—微信登录

模式选择页

登录页—管理员登录

登录页—管理员登录—登录错误

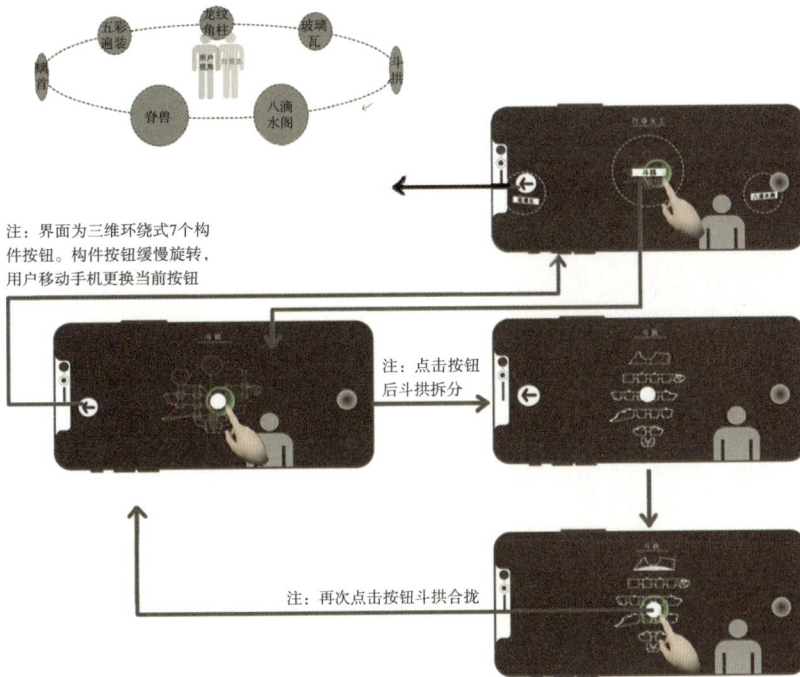

注：界面为三维环绕式7个构件按钮。构件按钮缓慢旋转，用户移动手机更换当前按钮

注：点击按钮后斗拱拆分

注：再次点击按钮斗拱合拢

图4-36 交互流程图3

（二）绘制多模态交互剧本

多模态感官交互是指打通单一感官的交互设计方式，通过视觉、听觉、触觉等多模态感官配合，共同实现更加自然直观的交互行为。沉浸式交互设计过程中需要考虑人类的认知方式和行为规律，交互形式的设计之初就是要以人为本，通过多模态交互剧本，强化配合。主要有以下流程。

（1）用户意图可以分为交互状态、机器状态、媒介交互流程、音效设计等。

（2）音效设计也可以做更细致的划分，这里可以暂时分为背景音效、点击反馈、气氛渲染音效三种。有助于明晰人机交互过程中各个阶段的交互状态，加强各阶段的配合。

（3）用户交互模态可以分为用户的操作状态和动效设计。其中包括低保真交互流程图和交互行为范式示意图的配合，通过脚本行为说明，明晰各阶段交互逻辑地跳转关系，加强多模态感官的相互配合，提升信息的可视化体验（表4-2、图4-37）。

表4-2　体验设计项目多模态交互剧本

交互流程	硬件交互	互动行为	声音	动效	文案配音
观看环境空中飞行	左右摆头	1.太空中飞行，星云散开 2.划过卫星，卫星天线被震动	背景音：节奏循环音乐 音效声：陨石飞过声	云雾消散	文案：无 配音（20秒）：宇宙在物理意义上被定义为所有的空间和时间，包括各种形式的所有能量，比如电磁辐射、普通物质、暗物质、暗能量等，其中普通物质包括行星、卫星、恒星、星系、星系团和星系间物质等

（三）绘制沉浸式交互设计故事板草图

在数字设计领域，草图作为一种古老而又高效的工具，始终扮演着举足轻重的角色。通过草图，能够迅速捕捉脑海中一闪而过的灵感火花，将其转化为可视化的雏形，进而方便快捷地构思并记录交互设计的独特理念与特色。这一过程不仅促进了个人创意的深化，更为与团队成员的协同设计搭建了坚实的桥梁。

草图的核心价值在于迅速捕捉并传达设计构想与核心理念，而非专注于追求图形细节的极致完美。草图创作完成后，可依据收集到的反馈意见，进行针对性的修改与调整，以实现设计方案的优化。通过反复的迭代过程，逐步打磨草图，确保其能够精准地契合用户需求及项目既定目标（图4-38）。

情绪	高 中 低	情绪表达					
意图	硬件交互	扫描物体	扫描成功	向前移动	点击 点击 温室皿 触发 温室面	向前移动	向前移动
	AR 交互流程	提示扫描 草原地面	生成碳元 素序列带	走近观看 触发碳球		走近观看植物模型 触发文字出现	文字全部出现后 继续靠近，触发 当前景象
模态	虚实结合 内容	实景草原 虚拟碳球 序列带	实景草原 虚拟碳球 序列带	实景草原 碳球消失 温室皿（沙枣 茎果实+碳元 素环绕周围出 现+小范围雾 霾特效）	实景草原 远处完整植物 模型	实景草原 虚拟远处植物模型 下方文字	实景草原 当前虚拟远处景象 消失
	(对话方式) 对话	（对话框 文字） 请扫描草 原地面				(对话框文字) 1.沙枣，果肉乳白色， 果梗短 2.沙枣年净固碳量在 6.00t/hm²a以上 3.固碳量的大小主要 与其果实生长量有关	
	音效脚本		噪音	点击的声音			
		风吹草地的声音	植物浮动呼 吸的声音				
	行为脚本 说明	出现类似行 星带的无线 扩散的碳球 序列带	植物器官浮 动模拟呼吸			碳球变色	

图4-37 多模态交互剧本截图——《探索者》AR项目 孟启月 胡灏 秦宇佳 范馨蕊 徐洋

图4-38 沉浸式交互设计故事板草图示例——《造梦生灵—沙柳》AR项目 孟干 兰栋 刘雨欣 王鲁燕

（四）绘制低保真与高保真交互图

根据之前交互流程图以及初步交互设计构想，可以开始进行低保真或高保真设计图的绘制工作。在此阶段，必须清晰标注用户的当前位置、交互姿态及观看方式，并通过视觉表现准确呈现互动触发点、反馈内容、引导信息等核心要素。同时，应当运用已掌握的沉浸式交互、具身认知、身体图式、DOF观察、联觉与通感等理论知识，对交互设计方案进行多次审查与优化，以确保其科学性与有效性（图4-39~图4-41）。

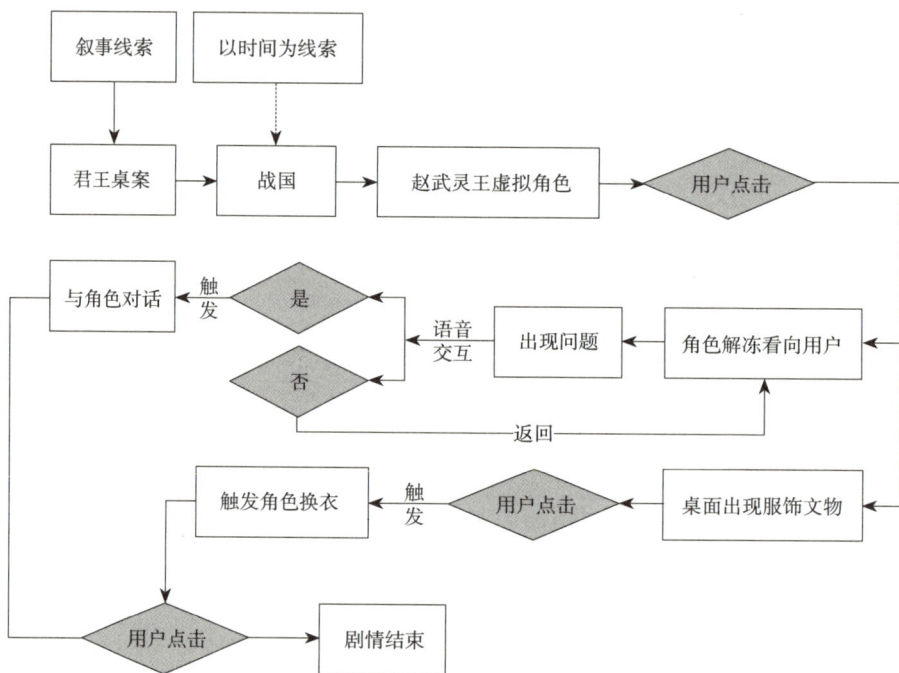

图4-39 绘制低保真图依据的交互流程图示例 刘雅楠

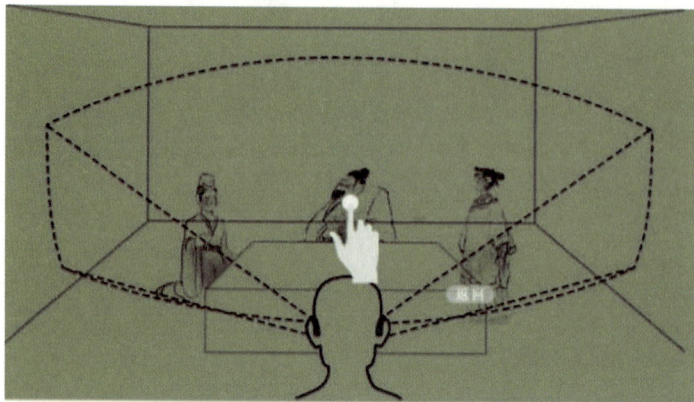

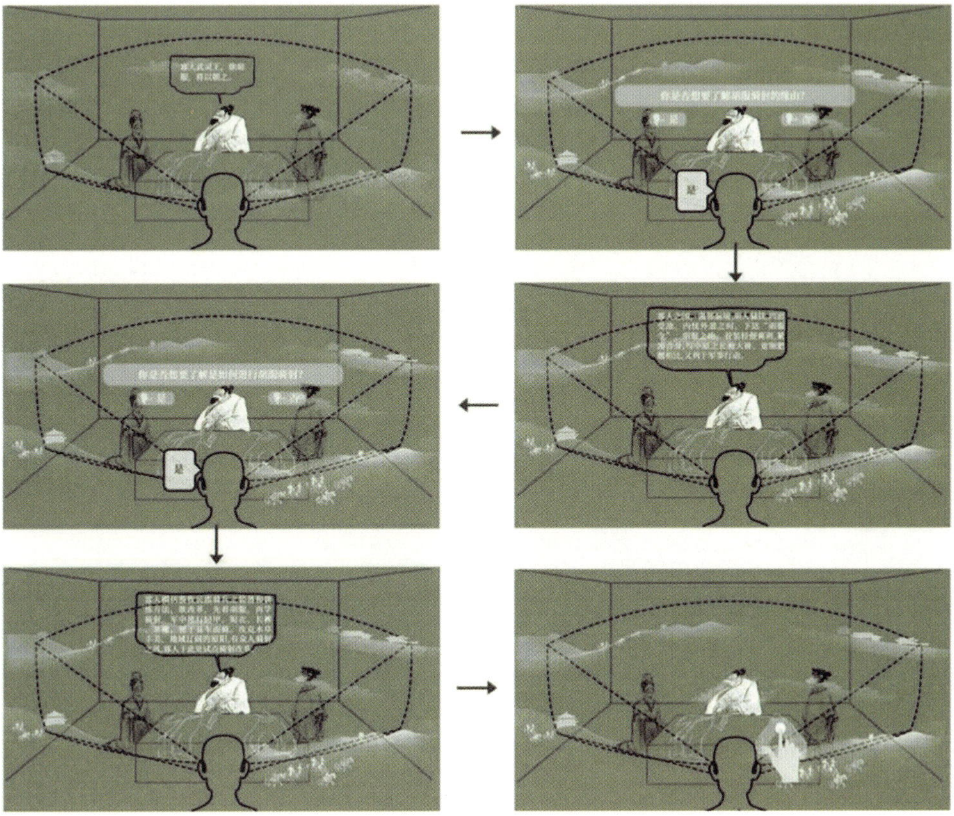

图4-40　沉浸式交互设计低保真图示例　刘雅楠

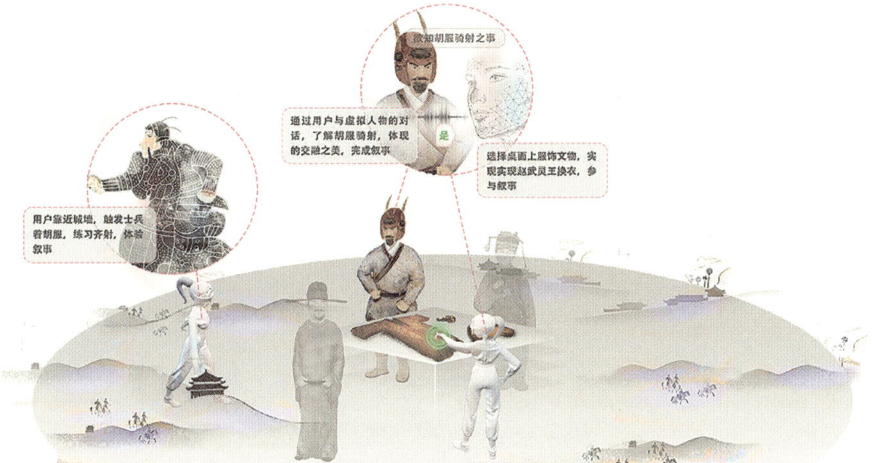

图4-41　沉浸式交互设计高保真图示例　刘雅楠

● 核心概念

沉浸式交互　具身认知　身体图式　DOF观察　联觉与通感

● 思考题

1.理解沉浸式交互、具身认知、身体图式、DOF观察、联觉与通感理论概念。

2.根据提到的设计方法,提出自己的理解与看法。

3.根据沉浸式交互设计策略,提出对该策略在艺术设计创作中的应用思考。

4.如何结合沉浸式交互特性绘制多模态交互剧本?

● 实践作业

实践沉浸式交互设计策略,绘制交互流程示意图,多模态交互剧本等。通过设计表达,展现自定主题的交互设计方案,最终达到沉浸式交互体验的效果。

第五章

沉浸式场景设计

| 教学目标 |

本章主要介绍有关XR项目中沉浸式场景造型、人物、音效等设计内容，并详细地给出其制作过程的设计要素与设计方法，这些设计内容以多学科人因、技术为背景，以优秀案例为支撑，最终达到提升艺术效果的目标，教导学生制作出理想的设计作品。经过本章的学习，在思想方面，学生能够加强创新设计思维；在技能方面，能够培养学生使用XR的技术与工具，从而独立或合作创作出XR设计作品。

| 教学重点 |

1. 理解XR的设计要素，了解XR的设计要素。
2. 掌握制作故事、角色、画面、声音等设计方法。
3. 能够从人文精神的角度进行XR的设计与创作。
4. 具备与创作传统艺术所不同的思路，提升XR作品给体验者所带来的沉浸感。

| 推荐阅读 |

[1]鲁道夫·阿恩海姆. 视觉思维[M]. 滕守尧, 译. 成都：四川人民出版社，2019.
[2]鲁道夫·阿恩海姆. 艺术与视知觉[M]. 滕守尧, 译. 成都：四川人民出版社，2019.

| 教学评估 |

通过课堂在线交流、课后作业、团队合作、实践作业等多种方式对学生的学习情况和水平进行评估。确定好评价的水平，同时设定一个客观的标准，将学生的学习水平与这个客观标准进行比较并指出不足之处，促使学生提高本身的学习水平以及综合素质。

第一节 认识沉浸式场景

一、沉浸式场景的概念

各种图、文、声、像等符号具有极强的传播力，带给人们生理上的刺激和精神上的享受。而随着的技术进步，智能媒体营造出场景式的信息感知方式，使人们完全沉浸于巨大的场景幻觉效应中，在这里虚拟世界与真实环境的互动赋予人们全新的审美空间。从"感官的沉浸"到"想象的沉浸"，再到"心理的沉浸"，使体验者达到忘我的状态。

本章的"沉浸式场景"主要是建立在XR设计领域中数字化的虚拟场景设计。其主要指利用VR等技术生成高度逼真的三维虚拟环境来建构虚拟生活的世界，模拟人在现实环境中的行为，使人的意识沉浸在虚拟的场景中，并接收来自听觉、视觉与触觉等多感官的信息。

沉浸式场景的设计和体验者的心流状态有着紧密的联系，而沉浸式场景设计是通过数字媒体技术，给体验者营造一种特别的氛围，通过刺激用户的感官，让体验者仿佛真的置身于那个场景中，忘记了外面的世界。

在沉浸式场景设计中，视觉元素的运用，如色彩、形状、光影等，可以引导体验者的视线，让场景看起来更有空间感和立体感。同时，听觉元素如音乐、声音效果等，也能为体验者带来更为丰富的感官体验，增强场景的真实感和沉浸感。然而，要使这些感知觉元素真正发挥作用，关键在于它们能否与体验者的大脑产生有效的互动。大脑作为信息处理的中心，其处理信息的能力是有限的。因此，在沉浸式的场景中，需要巧妙地引导体验者的注意力，让他们能够专注于场景中的关键信息，这样信息才能有效地传递和接收。

二、沉浸式场景的特性

《诗格》将诗的创作分为三重境界，即物境、情境、意境，沉浸式场景设计亦如是。

其第一重境界物境，是对客观存在的物理场景的还原与再造，包括环境造型仿真、观察方式行为模拟等方面，是一种场景的仿真，以及包裹关系的拟态。

其第二重境界情境，包含在不同时空下，主观的"情"和客观的"境"两个维度，主观的情感意指人类个性化的情感偏好和兴趣指向，客观的环境涵盖自然环境、社会环境和网络环境。情境强调由于人的主观情感而采取的行动与周围时空环境之间的互动，使人的精神世界产生触动和震撼，是一种时空与情境营造。

其第三重境界意境，是物理空间与精神世界相互融合的艺术境界。主要指身体感知世界的精神与意识，所表现的直观实境与所暗示的、象征的、非直观的内容相互交融，以虚代实，化实为虚，将形象的间接性与直接性、鲜明性与含蓄性统一起来，产生真实与虚幻结合的意境，受到情绪上的感染，形成丰富的联想和深刻的感悟，是一种意境与主题传达。沉浸式场景的特性可以总结为主题性、包裹性、仿真性，如图5-1所示。

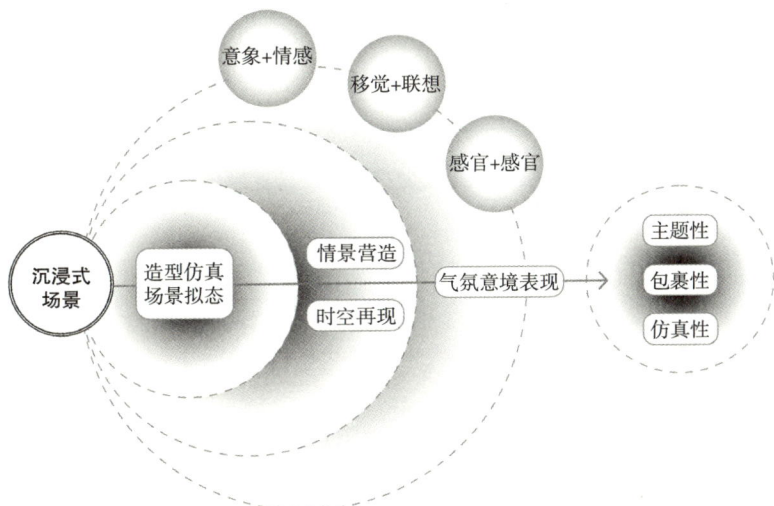

图5-1 沉浸式场景的特性

（一）主题性

主题性在场景设计中十分关键，一个好的XR场景设计，需要从造型、情景、布局、气氛等要素组合，不仅需要塑造呈现更加真实、自然的人、事、物，更需要明确场景需要表达的主题思想，使观众在虚拟情景中感受到项目想要表达的信息和思想，这才是场景创作的灵魂。

（二）包裹性

沉浸式媒介中，包裹性指利用了多重沉浸技术来营造一个将受众全面包裹的虚拟空间。在这个空间里，参与者可以快速浸入虚拟情景中，从而获得持续的临场感。这种全面包裹性主要体现在对受众以视听觉为主的身体知觉的包裹。比如利用穿戴式设备将参与者的视觉、听觉与触觉暂时封闭起来，从而过滤掉其他无关的感受，使其完全进入虚拟空间中，产生身临其境的体验；又或者利用多角度包围空间，尽可能全方位覆盖观众的视角，最大化调动观众的五感体验。就如同电影到宽荧幕，又到超宽屏幕、IMAX、球幕影院等。仿真影像包裹面积越增加，提供给观众临场沉浸感越强烈。

（三）仿真性

人与世界的信息交换主要依赖于人类的感知觉系统和大脑。感知觉，作为人类接触和理解世界的首要方式，涵盖了视觉、听觉、触觉、嗅觉和味觉等多个方面。这些感官共同构成了人与外部世界的交流桥梁，使人能够全方位地感知和体验周围的环境和事物。XR场景设计中需要充分利用数字技术创造出更加仿真和还原真实世界的造型、行为、情景，再通过VR相关技术模拟用户的多感官参与特点中，模拟视觉、听觉、触觉等多种感官参与方式。体验者能够更加深入地感受到虚拟场景中的每一个细节，与作品产生更为强烈的情感共鸣，唤起观众的沉浸感。

第二节 沉浸式场景的设计要点

沉浸式场景的设计要点可以包括场景主题传达、场景造型仿真、包裹体验拟态、时空情景再造等几个方面。

一、场景主题传达

在沉浸式场景的创作过程中，主题设计是至关重要的一环。一个鲜明、有趣且深入人心的主题能够赋予作品独特的魅力，引导观众进入特定的情感氛围，并与之产生共鸣。

什么是主题？主题是作品所要表达的核心思想或情感，是贯穿全文的线索和灵魂。一个好的主题应该具有独特性、吸引力和深度，能够引起观众的共鸣和思考。

设计沉浸式场景需要明确背景信息、叙事地点、角色形象、目标受众、主题思想、创新思考方面要素来确定内容的主题（图5-2）。

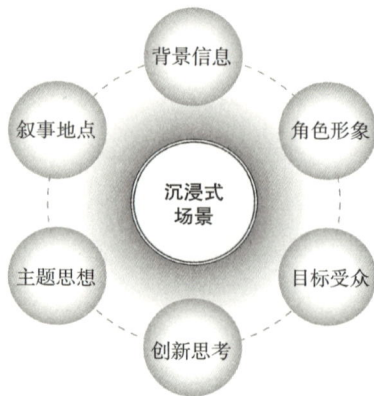

图5-2 沉浸式场景主题传达要素

（一）明确背景信息

在创作时，背景信息是确定内容主题的基础。背景信息可以包括具体环境、历史背景、文化背景等信息，了解这些丰富的背景信息，对设计出一个符合预期的场景有着很好的帮助，能够更准确地把握场景的特点和要求，并让观众拥有更好的体验。例如，背景信息设定为置身于一个古老的东方国度，仿佛能听到历史的呼吸，感受到传统文化的厚重。为了实现这样的效果，便需要了解古老东方国度的传统文化、历史传承等背景信息。

（二）明确叙事地点

叙事地点对于确立内容主题具有至关重要的作用，叙事地点通常指的是故事发生的具体环境和背景，既可以是实体存在的城市、乡村、山川湖泊等自然景观，也可以是抽象构建的虚拟空间、梦境等超现实场景，这些地点共同搭建起叙事的舞台，为故事营造出独特的氛围和深刻的内涵。不同的叙事地点会对观众的体验和情感产生不同的影响，从而进一步塑造内容主题。举例来说，一个神秘莫测的山林秘境，可能会引发观众对自然、探险等主题的思考；而一个充满未来科技感的都市空间，则可能会引发观众对科技、社会等主题的思考。因此，选择恰当的叙事地点是为了创造一个引人入胜、能够触动观众内心的叙事环境，不仅使观众沉浸其中，更在于传递故事背后的情感和价值观。

（三）开发角色形象

角色形象指在场景中出现的角色的外貌、服装、动作和个性特征的综合体现，这些元素共同构成了角色的内心世界和外在表现，让角色形象栩栩如生，易于识别和记忆，更是推动故事发展的关键力量。角色形象也是确定内容主题的关键因素，角色形象的设计要根据场景的主题，与背景信息和故事情节相符。角色形象的设计应该能够触动观众的情感，让观众与角色产生情感共鸣。例如，一个勇敢无畏、正义感强烈的英雄角色，可能会引导观众思考勇气、正义等主题；一个善良温柔、无私奉献的母亲角色，可能会引导观众更加珍视母爱、家庭等主题。这些角色形象就像是一面镜子，能反映出观众内心的希望和追求，使观众在场景中与角色产生情感上的共鸣。

（四）确定目标受众

目标受众是场景设计的出发点，不同的受众群体对故事主题和场景氛围的喜好和反应是各不相同的。因此，在设计场景时，需要充分考虑目标受众的喜好和需求，以确保场景的主题能够引起他们的共鸣和兴趣。

（五）传达主题思想

需要深入挖掘目标受众的喜好和需求与背景信息、叙事地点和角色形象等多个方面的内涵和联系，更好地把握内容主题的核心价值观和主题思想，引发观众对故事背后思想的深刻思考和感悟。无论是道德启示、教育意义还是娱乐消遣，场景设计都应当通过场景中的视觉元素、氛围营造以及角色互动，有效地传递故事的主题信息，使观众在沉浸于故事的同时，感受到深刻的情感共鸣。同时进一步完善场景设计的想法以及带来新的启示和灵感。例如，环境保护、人际关系、科普宣传等当代生活中的题材或热点话题，这些都是人们普遍关心并希望深入了解的领域。通过将这些主题融入场景中，可以激发观众的共鸣，引发他们的思考。

（六）发挥创新思考

在创作主题时，需要运用想象力，尝试将不同的元素进行组合，以创造出独特的场景氛围。这包括运用象征性元素，如物品、符号或特定颜色等，来代表故事主题的不同方面，从而加深主题的表达。同时，还可以借鉴其他艺术形式或领域的灵感，为场景设计注入新的活力和创意。

在设计XR的场景时，XR技术能够超越现实时空，创造出一个新的、可以触动多感官参与的创作与审美新形态。在虚拟世界里，时空不再受限制，可以像泥塑一样随意塑造这个世界，这种自由的时空表达，让艺术作品的呈现方式更加充满创意，并让观众能够沉浸其中，仿佛置身于一个神奇的梦境。XR场景设计也成了研究数字化科技与当代艺术融合的美学价值体系的重要对象。通过深入研究XR场景设计，可以更好地理解数字化科技在当代艺术创作中的独特作用，探索科技与艺术之间的奇妙化学反应。这种超越现实的艺术形式已经成为当代视觉文化艺术创作与审美的重要方式，同时也成了探讨数字化科技与当代艺术创新融合下美学价值体系建构的主要研究对象与基础。

综上所述，设计引人入胜的主题需要遵循一系列的设计方式。从明确背景信息、明确叙事地点、开发角色形象、确定目标受众、传达主题思想、发挥创新思考等步骤，深入理解故事、充分发挥想象力和创造力以及不断寻求反馈和改进，可以有效地设计出符合预期的主题，使故事更加生动、有趣和引人入胜（图5-3）。

图5-3 《焚香寻梦·阮图之音》截图 张禹晨 王可

二、场景造型仿真

XR技术通过不同程度地融合数字信息与现实环境，向人们呈现了多样化的信息。它在虚拟仿真环境中创造出现实与幻想交织的视觉盛宴，更贴近人类的自然观看习惯和情境想象，为用户带来了前所未有的体验。借助VR头显，我们仿佛能够足不出户就登上巍峨的山巅，俯瞰缭绕云雾中的壮丽风光；或是在沙漠中漫步，体验烈日的炙烤和风沙的轻抚。这种沉浸式体验让人仿佛能够抛开周遭的一切，真实与虚拟的界限逐渐变得模糊。在虚拟场景仿真中，需要实现造型细节呈现、听觉仿真设计、观察仿真设计、气氛仿真呈现等内容。

（一）造型细节呈现

造型设计是决定作品美感的第一要素。人的感知有80% ～ 90%来自视觉，可以说，视觉是使人对VR作品有沉浸感体验的最重要因素，我们在加强用户的沉浸体验的同时，要着重注意视觉上的造型设计。一般在XR的场景设计当中，造型包括场景造型、人物造型、道具造型等要素。

打造逼真虚拟现实世界，是虚拟体验的基础。不仅需要设计场景，对于VR中的画面也需要进行刻画，包括地图、人物、设施等。构建一个足够真实的虚拟世界，才能让用户在虚拟世界中感受到更加细腻、生动的画面。此外，注重场景和物体的细节刻画也至关重要，如比例、造型、材质、光影等方面的处理，能让虚拟世界的场景呈现得更加接近真实世界（图5-4）。

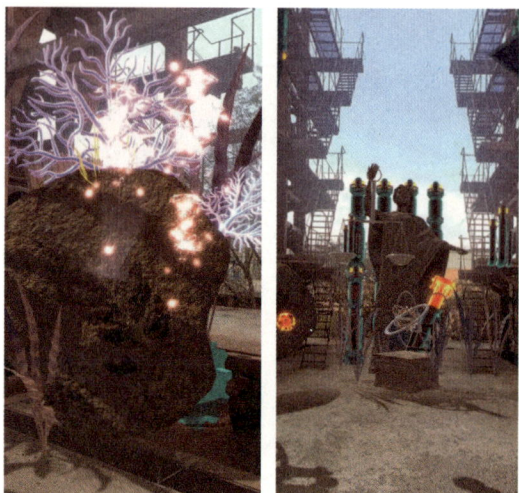

图5-4 《洞生》截图 张禹晨 王可 高元昊

在Untiy、虚幻等VR引擎中，通过贴图映射技术，可以在维持模型低多边形数量的前提下，减少所需加载和处理的贴图数量，同时模拟出高多边形模型的细节效果，为模型赋予表面纹理，从而增强模型的视觉细节和真实感。纹理映射通过将纹理贴图、法线贴图、AO贴图、高光贴图、环境贴图映射到模型的表面，使其呈现纹理、颜色、质感的细节。

⭐ 扩展知识

实现XR造型材质细节的常用技术

1.法线贴图

法线贴图（Normal Mapping），在3D图形渲染中是一种非常流行的技术，法线贴图使用RGB颜色通道来存储每个像素的法线向量信息，这些向量代表了表面的法线方向和倾斜程度，从而能够精确地模拟出表面的细微变化。法线贴图可以在保持模型低多边形数的同时，减少需要加载和处理的贴图数量，并模拟出高多边形模型的细节效果，法线贴图能够实时地根据光照条件调整表面的光照效果，使得物体表面的反射、阴影和高光更加自然，增强细节的表现力（图5-5）。

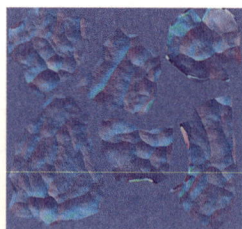

图5-5 法线贴图

2.AO贴图

AO贴图即环境遮蔽贴图（Ambient Occlusion Map），是一种用于增强3D模型渲染效果的技术。AO贴图模拟光线在物体表面的自然衰减，使物体边缘和角落的暗部更加自然，提高场景的真实感。AO贴图更加精细地表现出物体之间的空间关系和表面质感，这对于提高视觉效果和用户体验至关重要（图5-6）。

图5-6 AO贴图

3.高光贴图

高光贴图是一种用于增强3D模型表面细节和真实感的纹理贴图，通过黑白灰度图像来控制物体表面的高光反射。合理使用高光贴图可以避免过度复杂的光照计算，提升优化渲染性能的同时，增加物体表面的细节和真实感。因为不同材质对光线的反射程度不同，高光贴图可以用来区分金属、塑料、皮肤或布料等不同材质。例如，金属材质通常会有较强的高光反射，而布料则相对较弱。表现物体表面在光线照射下产生的高光区域，可表现真实材质质感（图5-7）。

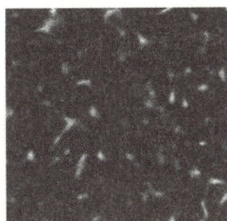

图5-7 高光贴图

4.烘焙法线贴图

烘焙法线贴图是一种在三维建模与渲染中常用的技术，它能够将高模（高多边形模型）的细节信息"烘焙"到低模（低多边形模型）上，从而在保持视觉效果的同时，减少模型的复杂度，优化性能。通过烘焙，低模可以展示出高模的细节，这对于游戏开发、动画制作等领域尤为重要，可以在不牺牲视觉效果的情况下，提高渲染效率，有效地使用烘焙法线贴图来表现物体的细节，同时优化模型的性能（图5-8~图5-11）。

图5-8 烘焙法线贴图

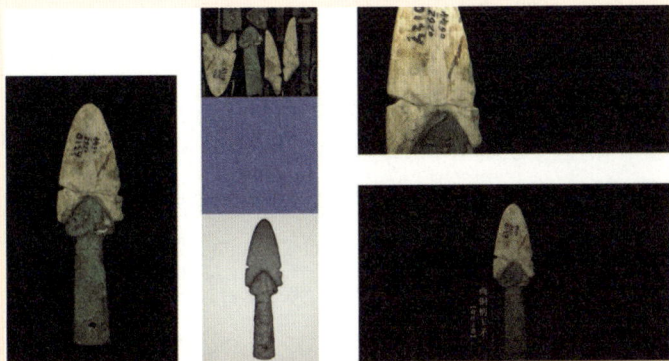

图5-9 商铜柄玉矛 朱家兴团队

图5-10 御赐宝刀 李德亿

图5-11 钧窑小宋自造香炉 王介如

（二）听觉仿真设计

声音是营造真实感的重要因素之一。在仿真听觉设计中，类似于电影中的配音或配乐，可以营造一种氛围，让体验者沉浸其中。1979年，科幻电影《异形》的声音监制马文·肯纳（Marvin Kerner）认为音效具有以下三个功能：模仿真实的事物、加入和创造荧幕外并不真实存在的物体、帮助导演创造一种情绪。

据此而论，人对环境的体验，通常是通过人的感觉、感知活动进行的。这些活动不仅要与事物建立物质的交换关系，而且要与事物建立精神的交换关系。据此我们可以推断出XR的音效设计一般需要满足以下几个层面的需求：要求声音与画面的真实性相匹配、要设计出一种新的主观声音，可以让人通过声音联想到某种特定的场景，能够传递出一种情绪，给人很强烈的场景代入感。

在了解了声音设计的基本知识之后，我们到底应该如何为XR作品设计音效呢？可以总结以下几点内容。

1.客观声音模拟

客观声音主要是指为了营造出更加真实的氛围而进行的音效设计。

（1）环境音效。这主要涉及将音效设计得与特定场景相匹配，赋予声音独特的空间属性。例如，在模拟大厅中的对话时，会特别处理声音的延迟效果。环境音效通过环境过滤和反射处理，使听众仿佛身临其境。

（2）特殊音效。这是音效设计中最富创意和多样性的部分。包括语言的变调、警笛、电话铃声、环境噪音、材料质感声和机械运作声等。每种声音都有其独特性，因此音效设计师在创作时必须从生活中汲取灵感，以避免声音听起来不自然。以VR过山车为例，当参与者戴上眼镜、穿上设备、戴上耳机，他们就能体验到逼真的过山车环境。配合游乐场的背景音乐、耳边呼啸的风声、其他观众的尖叫声以及过山车与轨道摩擦的声音，如果没有精心设计的听觉元素，仅凭视觉或触觉，体验将不会如此真实和刺激。这些声音通常是对现实世界中物体声响的模拟，或是经过特殊设计的音效，它们能够赋予所呈现的视觉对象以真实感，是实现仿真效果的关键因素之一。

（3）此外，对于声音延迟的精确控制亦是至关重要的。例如，在一个物体与另一种材质接触时，音效必须首先确保与视觉动作的高度同步性。音效在表达位置感方面是否与视觉同步，将直接影响观众是否能够持续沉浸在体验之中。因此，在音效设计中，时间与空间的同步性是必须严格遵守的要求（图5-12）。

2.主观声音设计

人对环境的艺术体验，通常是通过人的感觉、感知活动进行的。这些活动不仅要

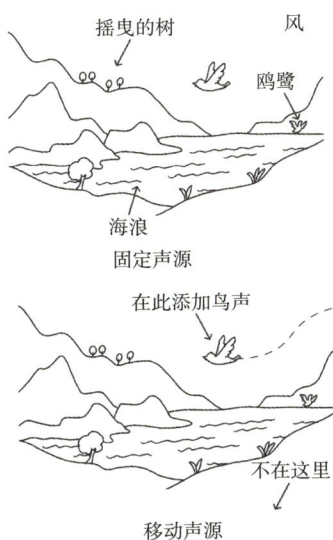

摇曳的树　　风

鸥鹭

海浪

固定声源

在此添加鸟声

不在这里

移动声源

图5-12　固定与移动声源模拟示意图

与事物建立物质的交换关系，而且要与事物建立精神的交换关系。视觉和听觉所形成的艺术体验是通过悦目、赏心、悦耳来实现动听审美活动的。这些都需要主观声音的设计。

（1）人声的设计。通过项目中的角色，以对白、旁白等方式，对项目中信息进行语言表达。例如去执行角色交互或者观看的时候听到的解说声音；当用户在参与体验项目时候，听到的所谓"画外音"。

（2）主观背景音乐的设计。指针对场景主题设计的一种客观环境中没有的声音元素，帮助导演创造一种主题氛围和情绪。比如，可以通过古筝音乐来传递中国古典气息。

（3）主观音效的设计。指在客观环境中没有的音效元素，交互反馈时加入音效，可以增加用户自身的控制欲和满足感，高音和快节奏的音乐会使人体肌肉紧张。

很多例子都说明，轻柔的音乐能让大脑里的血流慢下来，让人平静；欢快的音乐能让血流加速，让人精神焕发；低沉或慢节奏的音乐能让人放松。而且，声音设计还能激发用户参与，比如，学走路的小孩对走路特别感兴趣时，穿着一种会响的鞋子，能发出咯吱声，提供走路时的反馈，在小孩学走路时帮助他们建立信心，家长也能从这节奏声中感受到孩子的步伐和成长。当用户在体验时，听到合适的背景音乐，或者在互动中有合适的音效，会使用户沉浸体验的效果大幅提升。所以，音乐和音效是设计师应该用心挑选和添加的。

扩展知识

立体声效技术的使用

在VR体验中，通过采用立体声效技术，可以让用户听到来自不同方向、不同距离的声音，从而增强空间感和立体感。同时，根据场景和情境的变化，调整声音的音量、音色和音调，也能让VR体验更加逼真。例如，整个场景里的固定声源有海风的呼啸声、海鸥的鸣叫声、空中的风声以及摇摆的树枝发出的声音等。如果这时，一只小鸟飞过你的身旁，然后掠向远方，伴随鸟鸣和翅膀开合声的远近，那么会使用户感觉体验更加逼真。通过立体声效所构建出的那种感受，相信用户会很乐意接受。

（三）观察仿真设计

1.XR观察视角解读

人们在观察事物时所采取的视角是否真实可靠，这一点显得尤为重要。这不仅仅涉及观察时所处的视点高度，还包括了观察的角度和方向。不同的视点高度可能会带来不同的视觉体验和理解，例如从高处俯瞰和从低处仰视同一个场景，所获得的信息和感受可能会截然不同。同样，观察角度的不同也会导致对同一事物的不同解读，比如正面观察和侧面观察可能会揭示出不同的细节和特征。因此，在XR观察视点仿真设计上要格外注意，多观察和模拟物理世界中人的观察行为，以确保我们所获得的信息尽可能地接近真实的感知体验。

> **扩展知识**
>
> 人的双眼水平视场角可达200°，我们左右眼能重合观看到的区域是大约120°，最佳注视区域为90°，超过90°以后，就通常会采取转动脑袋的方式去观看。因为斜着眼去看视角边缘的东西会增加疲劳感。所以在VR光学中，90° FOV（视场角）被认为是VR沉浸感体验的及格线，120° FOV被普遍认为是达到部分沉浸式体验的标准，180° FOV是VR达到完全沉浸的标准。目前VR各大厂商在努力向120° FOV靠近。目前市面上VR头显基本采用了90°～120°的FOV，已经可以满足玩家对沉浸感的需求（图5-13）。
>
>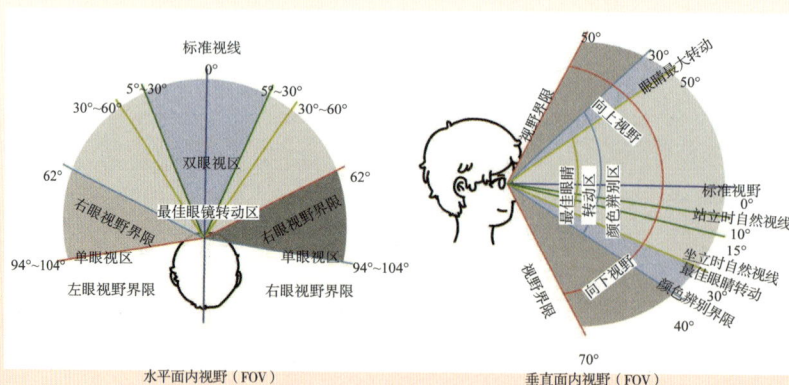
>
> 图5-13　视角解读示意图

以VR视角为例解读，视角分类为固定视角和可移动视角。

2.固定视角与可移动视角的设计要点

在沉浸式的VR体验中，用户扮演着核心角色，被置于一个固定的位置点，无法超越这个预设的空间界限。然而，这并不限制用户的观察视野。实际上，用户可以通过灵活转动头部来自由地探索面前的虚拟世界。因此，设计师必须精通此道，精心安排场景与角色之间的空间布局，巧妙运用近景与远景的转换，创造出沉浸式的错觉，并有效地传递信息和情感。如图5-14所示，这类VR内容设计通常建议以人眼（在Unity引擎中即为Camera）为中心，采用圆弧形布局，围绕人眼进行设计。通过层次分明的布局，可以增强全景构图的艺术效果。但同时，设计师应注意关键物体的布局距离，最理想的是保持在3~10m的范围内，这是人在观察时感到最舒适的区间。

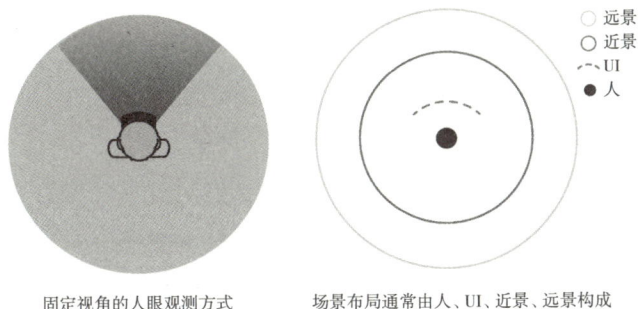

固定视角的人眼观测方式　　　　场景布局通常由人、UI、近景、远景构成

图5-14　固定视角观测方式和场景布局

在进行观察视点设计时，我们需要以人眼为中心，加强周围景物从远及近的视觉效果变化。这涵盖了形态多样性变化、质地变化、明暗对比、色彩变化、清晰度变化以及光影变化等多个方面。每一个细节元素都应细致地考量、巧妙组合应用，以营造出逼真的视觉体验（图5-15~图5-18）。

当用户在虚拟场景中移动时，这种移动视角的灵活性更高，对场景内容和布局提出了更高的要求，同时也增加了设计的难度。用户在体验时仿佛在进行一场虚拟旅行，因此在行进路线中设计合理规划阻挡的位置，设计信息交互点位置，以及布置合适的景观轴线。这样可以确保用户在移动漫游的过程中，不断有新的兴趣点出现。

综合以上内容，对视觉

图5-15　《梦回上都》截图1　候继全

图5-16　《梦回上都》截图2　候继全

仿真要点总结如下。

（1）依据用户行为习惯设计观察视点高度、位置以及行走路线，创造一个舒适的虚拟空间环境。

（2）场景构图合理利用距离位置变化，合理布局近景、中景、远景构图变化。

（3）注意视觉效果变化，表达形态、线条、质地、明暗、颜色、用光等层次变化。

图5-17 《墨游》 李彤 吴宏磊

（4）在行进路线中设计合理规划阻挡位置、信息交互点、景观轴线。

（四）气氛仿真呈现

在设计场景主题时，创造和表达气氛是非常重要的，因为它能够增强故事的情感深度和沉浸感，使观众或玩家更加投入其中。通过精心设计的场景布

图5-18 可移动视角的人眼观测方式

局、色彩搭配、照明效果以及音效等，可以有效地表达出所需的气氛，从而提升整体的艺术效果和观赏体验。

1.气氛的定义与特性

气氛，这个看似无形却又无处不在的存在。德国当代美学家格诺特·波默（Gernot Böhme）将其形象地称为"被定了调的空间"。它并非一个抽象的概念，而是与我们的生活紧密相连，无声无息地影响着我们的情感、情绪和心理感受。气氛是一种空间性的存在，它渗透于某个特定空间或环境之中，像空气一样无处不在，却又难以捉摸。

气氛的形成是一个复杂的过程，它涉及场景空间的视觉设计、声音、光线、色彩等多种感官元素的综合作用。这些元素相互交织，相互影响，共同营造出一个独特的氛围。例如，一个暖色调的房间会给人一种温馨、舒适的感觉，而冷色调的房间则可能让人感到冷静、清爽。音乐的选择也同样重要，柔和的音乐能够营造出轻松愉悦的氛围，而激昂的音乐则能激发人们的热情和活力。

气氛在人们的生活中扮演着重要的角色。它不仅能够影响人们的情绪和行为，还能够创造出某种情绪背景，为人们的活动提供适宜的氛围。在不同的场合和情境中，气氛的作用各不相同。在咖啡馆中，轻松愉悦的气氛吸引着人们驻足休息，享受片刻的宁静；

在音乐节，热烈奔放的气氛则激发着人们的热情和活力，让人们忘却烦恼，尽情狂欢。

在美学上，气氛被视为一种主体性的认知理论。这意味着气氛并不仅仅是由事物本身的属性所决定的，更重要的是个体在面对这些事物时所产生的感受。因此，每个人对于同一个场景或环境的感受可能会有所不同。这也正是气氛的魅力所在，它让每个人都能在其中找到属于自己的情感共鸣。

气氛是一种丰富而复杂的现象，它涉及多个感官元素的综合作用，以及个体在面对这些元素时所产生的情感体验。通过深入地理解和研究气氛，可以更好地把握人们的情感需求，创造出更加符合人们心理感受的场景或环境。

2.气氛营造设计要点

营造出一种特定的气氛，使置身其中的人能够感受到一种特定的情感或情绪。这种气氛的模糊性，主要源于其整体模糊性的多维元素整体营造和抽象元素植入表达两种特性：

（1）多维元素整体营造。在构建气氛时，主题、造型、光线和声音等元素相互作用，形成一个整体。这种相互作用类似于化学反应，共同塑造独特的气氛。例如，中国园林设计通过山水、花木、建筑等元素营造宁静优雅的气氛，而西方教堂设计则利用光线、色彩、雕塑等元素营造神圣庄严的气氛。

（2）抽象元素植入表达。气氛是一种主观的感性体验，无法用理性分析或量化。通过心境主题艺术化表达，借助创意造型、主观音乐、梦幻光影等元素营造梦幻的气氛。在北京嘉德艺术中心的"瑰丽·犹在境"展览中，《洛神霓梦》作品区域以幽蓝光线和

游龙在纱幔上的投影，营造出东方神话的氛围。金色浮影和花树景致在纱帘上的交叠，仿佛让人置身于描绘夏夜花草的诗句之中。这表明，每个人在场景中的体验都是独一无二且充满感性的。

综上所述，气氛的模糊性源于其整体性和非理性的特性。这种模糊性不仅赋予了气氛更加丰富的内涵和更深的层次，也使观众在体验气氛的过程中，能够感受到更多的惊喜和感动。因此，在场景营造气氛这一核心环节中，需要不断地探索和研究如何更好地营造气氛，以及如何通过潜移默化的感染方式，使观众在不知不觉中感受到场景的美（图5-19~图5-21）。

图5-19 《番骑图》数字化展示设计1
于忻航 张丽昆 彭丽羽 韦霞 李悦 王凤善

图5-20 《番骑图》数字化展示设计2
于忻航 张丽昆 彭丽羽 韦霞 李悦 王凤善

三、包裹体验拟态

（一）认识沉浸式体验的包裹性

在观赏电影时，观众普遍偏好宽银幕乃至超宽屏幕，如IMAX等格式。当银幕尺寸足够宽敞时，它为观众提供了更广阔的视野，将观众与故事世界融合进一个统一的视听环境中，使观众暂时忘却现实，不知不觉间沉浸于虚拟世界之中。这表明，除了数字内容的仿真特性外，沉浸式媒介相较于其他数字媒介的特殊性还体现在其包裹性上（图5-22）。

"沉浸"词意本身便带有一种身心被外界包裹的特征。随着20世纪80年代VR概念的提出与发展，"沉浸"一词逐渐扩充成为带有身体感知与环境空间特征的名词。

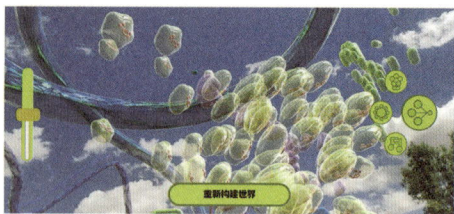

图5-21 《微探》AR体验设计作品
杨然 钱亦多 张子芮

图5-22 球幕影院效果示意图

从"沉浸"一词的本义来分析，其含义为浸泡在水中，带有一种身心被外界包裹的特征。随着VR、增强技术的发展，"沉浸"一词逐渐被用来形容对环境的感受。心理学家米哈里提出的"心流"的概念中认为当人们专注到极致后会不自觉地进入特定情境中，所有不相关的知觉会被自然地屏蔽掉，从而达到"忘我"的状态。故"沉浸"指的是观众包裹在某种环境或者情境中所获得的独特体验。

（二）包裹性的设计要点

在沉浸式媒介中，身体感知的包裹性是指运用多种沉浸技术创造一个全方位包围受众的虚拟空间。在这个空间内，参与者能够迅速沉浸于类似虚拟游戏的场景中，体验到持续的临场感。这种全面的包裹性主要体现在对受众以视听觉为主的身体感知的全方位覆盖。例如，通过穿戴式设备暂时封闭参与者的视觉、听觉和触觉，过滤掉外界的干扰，他们完全沉浸在虚拟空间中，产生身临其境的体验；或者通过多角度包围空间，尽可能全方位覆盖观众的视角，最大化地激发观众的五感体验。这就像从传统电影到宽荧幕，再到超宽屏幕、IMAX，以及球幕影院的演变。随着仿真影像覆盖面积的增加，观众所感受到的临场沉浸感也愈发强烈。

然而，在进行XR体验设计时，设计师们常常忽视了包裹性设计的重要性，简单地认为只要有设备和屏幕的包裹覆盖就足够了，而忽略了设计内容本身对沉浸包裹性的要求。当体验者置身于三维虚拟场景中，与周围的虚拟物品和人物产生视觉和交互行为的接触感时，包裹性的真正效用才得以发挥。当屏幕尺寸足够大，以至于虚拟物体能够允许体验者在虚拟世界中感受到如同真实世界的行为时，观众才会逐渐忘记现实的存在，不知不觉地沉浸在虚拟世界之中。

具体注意以下设计要点。

1.在体验距离与尺寸上，创造包裹感

在构建虚拟环境时，这些元素在空间布局上的位置与尺寸，起到举足轻重的地位，以营造出一种对用户全方位的包裹氛围。这种包裹设计不仅关乎形状与体积的巧妙结合，更在于通过视觉引导，让用户感受到仿佛被虚拟世界包裹在其中。想象一下，当一个庞大而充满包裹感的虚拟物体缓缓向用户靠近，其巨大的面积与强烈的包裹特质，让人不由自主地沉浸其中。这种沉浸感，不仅仅是视觉上的冲击，更是心灵上的触动，它随着物体与用户的互动逐渐加深，最终在用户的记忆中刻下难以忘怀的印记（图5-23）。

图5-23 《洄生》
张禹晨 王可 高元昊

2.在造型内容布置上，创造包裹感

在构建用户包裹体验的过程中，我们必须特别关注用户在不同旋转视角下的自由度。当用户在体验过程中进行转身或抬头动作时，若缺乏适当的信息点和兴趣点，可能会削弱沉浸体验。反之，当用户在转身探索时，若能发现内容中的惊喜点，这些惊喜点将迅速增强用户的体验沉浸感。正如图5-24所展示的，在用户站立的位置四周，我们全方位地设置了具有强烈感染力的造型细节和真实交互元素。我们在尺寸、位置、使用方式、材质细节等方面都尽可能地为体验者营造包裹感，确保用户持续感受到惊喜。

在《绥远古城》VR项目设计中（图5-24），我们特别在用户的体验距离范围内设置了一个逼真的骆驼造型，并配以真实的骆驼声音，为用户提供了一个独特的感官体验。在稍远一些的地方，我们模拟了运输车辆经过的场景，通过巧妙布置多个仿真造型，营造出一种对体验用户全方位的包裹感。这些设计不仅为用户带来了视觉和听觉上的惊喜，还通过多感官的刺激，进一步提升了用户的沉浸感和真实感。通过这种全方位的包裹设计，用户仿佛置身于一个真实的场景之中，能够更加深入地体验和感受到环境的魅力。

3.从情境营造上，创造包裹性

德国学者奥利弗·格劳（Oliver Grau）指出："沉浸是一种大脑刺激的过程，在大多数情况下，沉浸是指精神的全神贯注，其特点是减少与被展示物体之间的审视距离，而加以对当前事件的情感投入。"VR/AR技术缩短了观众与虚拟场景之间的感知距离，通过情感的融入，创造了一种情感沉浸式的体验。观众通过虚拟情境创造出的氛围与意境，使自身的情感表达在虚拟与现实之间自由

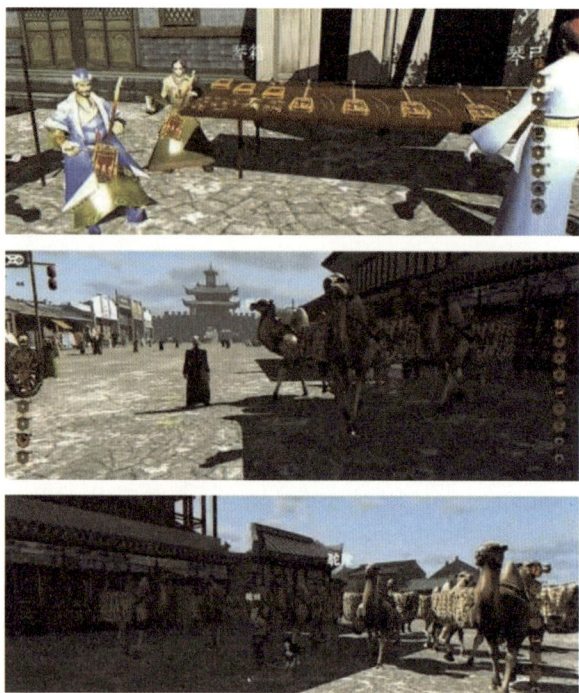

图5-24 《绥远古城》VR项目设计　高颂华制作团队

穿梭，模糊了真实与虚拟的界限，沉浸在自我构建的空间之中。

这种体验在多个方面得到体现，包括自然景观、社会人文景观以及抽象艺术等情景。在虚拟场景的包裹中，观众的身体与虚拟环境中的角色相互"化身"，形成了一个"实践共同体"。体验者能够灵活地通过虚拟角色操控虚拟环境中的物体，而环境中的角色和故事也能与用户产生共鸣，激发用户的情感，建立起故事与用户之间的情感纽带（图5-25）。

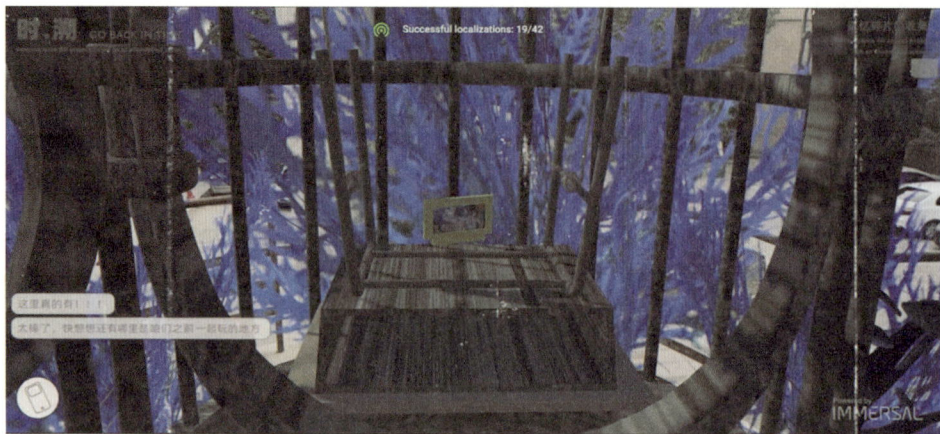

图5-25 《时溯》 李彤　黄鑫塬　李慧斌

扩展知识

情境认知学习理论

情境认知学习理论是20世纪80年代中后期形成的重要学习理论，它强调学习是一个个体参与实践并与他人、环境相互作用的过程，是个体形成实践活动能力、提高社会水平的过程。

情境认知学习理论对教育实践具有重要的启示，它强调了学习与实际情境的紧密联系，促进了学生对知识的深刻理解和灵活应用。同时，它也有助于培养学生的综合能力，形成理论与实践相结合的知识结构。感知交互、边缘性参与和实践共同体这三个层次构成了情境认知学习理论模型的核心框架。在这个模型中，感知交互强调学习者通过与环境的互动来获取知识和技能，通过感官体验和实际操作来深化理解。边缘性参与则关注学习者在特定情境中的参与程度，强调学习者从旁观者逐渐过渡到积极参与者的角色变化，从而更好地融入学习共同体。实践共同体则强调学习者在共同的目标和活动中形成的合作关系，通过共同的实践和经验积累，促进知识的共享和内化。

如图5-26所示，情景认知可分为三个层次。第一层次着重于通过创设情境来影响用户的初步感知。第二层次则侧重于对情景的理解，强调用户需作为初学者参与知识互动，掌握边缘知识。第三层次强调对情景的规划与行动，侧重于认知发展的最高阶段，用户不仅要处理和理解信息，而且要强调在真实环境中的实践应用。当用户能够通过意义协商的方式逐步融入情境时，他们不仅构建了身份认同，还能进行群体性的分享。

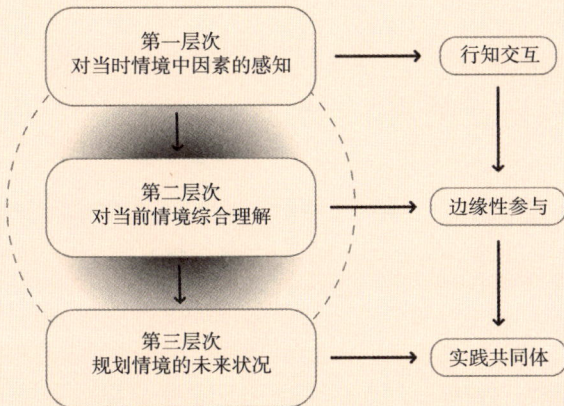

图5-26 情境认知学习理论模型
〔图片来源：根据瑞兹尼克（Rsenick）、莱夫（Lave）和温格（Wenger）的研究绘制〕

如图5-27所示，通过草原自然情景对形态的详细情景模拟，我们成功构建了一个虚拟景观，其展现了人与自然和谐共生的美好画面。在这个虚拟景观中，共同营造出一种自然情景的包裹感。体验者仿佛真的置身于一个真实的自然环境中，感受到自然的瀑布与小溪的形态，从而获得一种身临其境的沉浸式体验。

图5-27　草原自然情景包裹感的营造

如图5-28所示，设计作品《乐舞百戏》巧妙地虚拟再现了和林格尔东汉墓壁画中所描绘的汉代歌舞场景。通过精心设计的建鼓音乐和男女对舞的情景，该作品成功地塑造了历史场景中载歌载舞的娱乐氛围，用户能够融入并获得参与其中的情景包裹感。这种创新的设计手法使用户能够沉浸于古代壁画文化的体验中，仿佛穿越时空，亲身体验到汉代的歌舞娱乐活动。

图5-28　社会人文情景包裹感的营造——《乐舞百戏》 赵雪

四、时空情景再造

（一）认识时空的概念

1.时空的含义

在探讨时空设计的过程中，我们关注如何将观众的身体作为探索虚拟世界时空结构的出发点。这种设计理念使观众的角色由被动的观察者转变为积极的参与者。梅洛庞蒂曾提出，身体与空间之间的联系体现为一种"情境空间性"，这不仅仅是物体摆放位置的问题。设想在一个空旷的房间中，人们可以自由行走，空间显得尤为开阔。然而，一旦家具和装饰品被摆放其中，空间的感知即刻发生改变。这些物品不仅占据了特定位置，还与人的身体产生互动，营造出独特的氛围和感受。梅洛庞蒂还提出了"本原意义"的概念，他主张人与世界的关系是通过身体在空间中的体验和感知来构建的。这种关系不仅塑造了人们对世界的认识，也深刻影响了人们对自身存在的理解。因此，空间的意义是在人的身体、意识与世界三者相互作用中形成的。

观众的身体成为与虚拟世界互动的桥梁，通过视觉、听觉等感官的刺激，观众能够感知到虚拟时空内那些不易察觉的信息。这些信息以直观的形式呈现，使观众能够更清晰地理解虚拟世界中的信息和意义。此外，时空设计改变了时间和空间的表现形式，增强了观众在空间中所见的视觉差异和运动变化的显著性。这种变化不仅为视觉带来了愉悦，更触及了观众的心灵深处。当观众沉浸于虚拟世界时，他们将体验时间和空间变化带来的全新感受。这种体验促使观众重新审视自己与周围空间的关系，认识到身体不仅是物质的载体，更是感知和认知的工具。

关于时空的设计，关键在于如何以观众的身体为中心，深入挖掘虚拟世界的时空结构，如何揭示虚拟时空中的信息，以及如何通过调整时间和空间的表现手法，促进身体与空间之间的互动和对话。

2.时空的类型

在沉浸式场景设计中，选择空间的类型是一个关键环节，它涉及如何创造出一个能够承载艺术作品并符合主题思想的空间，以及如何通过空间的设计增强沉浸式场景的表现效果。以下是一部分时空类型。

（1）沉浸式场景的物理时空，指现实世界中的物理环境，通过AR技术将虚拟信息叠加在现实环境中，使虚拟信息与现实环境相互融合，从而实现虚拟与现实的交互。AR技术可以通过摄像头、传感器等设备捕捉现实环境中的信息，然后将虚拟信息叠加在现实环境中，让它们看起来就像是一体的，使人们能够看到虚拟信息与现实环境的融合。例如，在博物馆中，AR技术能把文物的虚拟信息加到文物上。观众扫描后，就能看到历史的痕迹、文化的脉络，仿佛那古老的文物正在诉说着千年的故事，观众能够更加直观地了解文物的历史和文化背景。在户外展览中，自然光线和周围的景观可以与艺术作品相互作用，创造出独特的观展体验。

（2）沉浸式场景的虚拟时空，指通过VR技术构建的虚拟空间。它具有沉浸感和交互感，可以让人感受到好像正在经历某个环境。这种虚拟时空可以通过裸眼3D、全息投影等虚拟技术来实现。实现沉浸式场景空间需要将现实空间要素和虚拟空间技术结合起来，通过设计现实空间，利用VR技术进行升级营造，实现现实与虚拟的结合。

（3）沉浸式场景的混合时空，指将虚拟空间与现实空间深度结合，可以在实体空间中设置VR设备，满足人不断升级的多维体验需求的空间。这种空间既包括现实空间，也包括虚拟空间，通过人的交互体验实现虚实转换。这种时空类型的设计可以增加观众的参与度，同时也为艺术作品提供了更多层次的解读。

时空类型的选择和设计对于提升沉浸式场景的表现效果和观众的观展体验都有着重要的影响。创作者需要根据艺术作品的性质和展览目的，灵活运用不同的时空类型，创造出既能承载艺术又能引发情感共鸣的空间。

（二）时空情景构建策略

在探索沉浸式场景设计的边界时，不得不提及营造时空的策略。这些策略不仅为观众带来了前所未有的体验，还重新定义了艺术作品的呈现方式和意义生成机制。

1.融合物理与心理空间的时空再造

空间的意义，其实是由人类的身体在其中的活动、感知和体验来决定的。人和世界的关系，是通过身体在空间中的心理体验和感知来建立的。

在XR设计领域，场景造型设计借助虚拟造型与渲染技术，为超越传统物理形态的造型提供了更为广阔的可能性。该技术不仅能够实现造型的高度写实仿真，还能够创造出超越现实的幻想世界。然而，若仅将XR技术的潜力局限于单调的写实仿真，便无法充分利用其为我们带来的强大优势。沉浸式场景设计必须将物理空间与心理想象空间相结合后重新构建。在确保与客观现实及事物相契合的同时，融入创新的想象和创意，创造出引人入胜的场景，使观众能够完全沉浸其中。

例如"透支"AR项目中的造型设计，将濒临灭绝植物的真实造型与实验舱真实造型相结合，塑造出"真实的想象"，并通过AR技术与真实世界相融合（图5-29~图5-31）。

图5-29 《透支》AR体验项目概念设计与3D造型设计 贾冉 康嘉慧 原源 姜晶

图5-30 《透支》AR体验项目的实现效果 贾冉 康嘉慧 原源 姜晶

图5-31 《神奇草原土壤》AR作品冯芷萱 付嘉 李思颖

例如作品《微探》采用大量抽象元素重新塑造虚拟空间，强烈的视觉冲击带来的感官震撼引发心理认同。体验真实时空中出现的不同虚拟情境氛围，引发用户的好奇与探索，如图5-32所示。

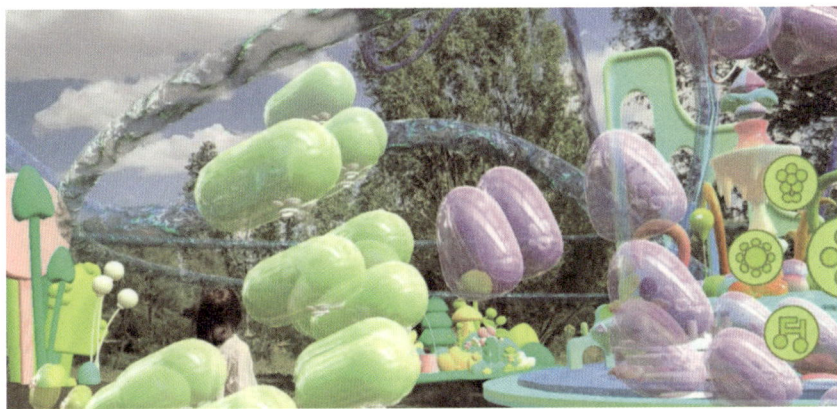

图5-32 《微探》AR体验设计作品 杨然 钱亦多 张子芮

2.融合多维时空的时空再造

我们可以将历史、空间、行为这三个维度的时空融合，通过创新和整合，再造出一种新的时空模式。这种模式将充分考虑到用户的观看体验习惯，以满足他们在视觉、听觉和互动性等方面的需求。通过这种方式，我们能够创造出一种更加生动、直观且易于理解的展示形式，使用户能够更好地理解和感受历史事件、空间布局和行为过程。这种时空模式的再造，不仅能够提升用户的观看体验，还能够帮助他们更深入地理解和思考历史、空间和行为之间的复杂关系。

例如，在文化遗产体验项目的XR场景设计中，通过运用多维历史时空进行重新组合，我们可以将历史文物、场景、人物等元素融合，重现历史事件或同时期的空间。通过与现代时期行为的结合，帮助人们更深入地理解历史，体验历史氛围，提升历史意识。借助时空重构实现艺术形象中真实性和创新性的相互融合。这种融合与统一不仅限于当代艺术的创作中，更是对古老文化遗产的一种尊重和传承。通过时空重构的技术手段，我们能够跨越时空的界限，将那些曾经辉煌却逐渐消逝的文化遗产重新展现在世人面前。这些文化遗产在保持其原有风貌和历史文化价值的同时，也融入了现代的创新元素和审美理念，使它们更加生动、鲜活地呈现在观众面前。

第三节 场景设计的表达方式

一、场景造型的设定

为了达成三维造型仿真的目标，我们首先需要进行广泛的资料搜集和考证。这包括查阅相关的学术论文、研究文物、壁画等资料，以及可能的实地调研工作。这样做是为了确保我们能够为三维造型提供一个具有原真性的坚实基础。

在追求既保留原真性又赋予造型创新性的双重目标下，我们常规的做法是深入搜集并细致分析造型设定的各项资料。这一流程不仅为设计的合理性筑起了坚实的"基石"，也为我们与团队成员及教师之间的沟通与合作铺设了顺畅的"桥梁"，确保了设计理念的精准传达与理解。

具体而言，我们的收集与分析工作广泛涵盖了画面风格的探索、场景造型的深度挖掘、气氛营造资料的搜集、纹样设计的灵感汇聚以及动作设计的整理设定等多个维度。这些详尽的资料不仅构成了我们设计翔实的内容库，更为我们提供了丰富的创意源泉（图5-33~图5-35）。

资料的搜集与整理对造型设计的把握非常重要，设计之初，需要对风格、色彩、灯光等内容收集，再对资料参考造型设计进行整理与思考，这种方法对于造型的持续改进能起到十分重要的作用。

图5-33 人物造型设定资料收集与分析图 张霞

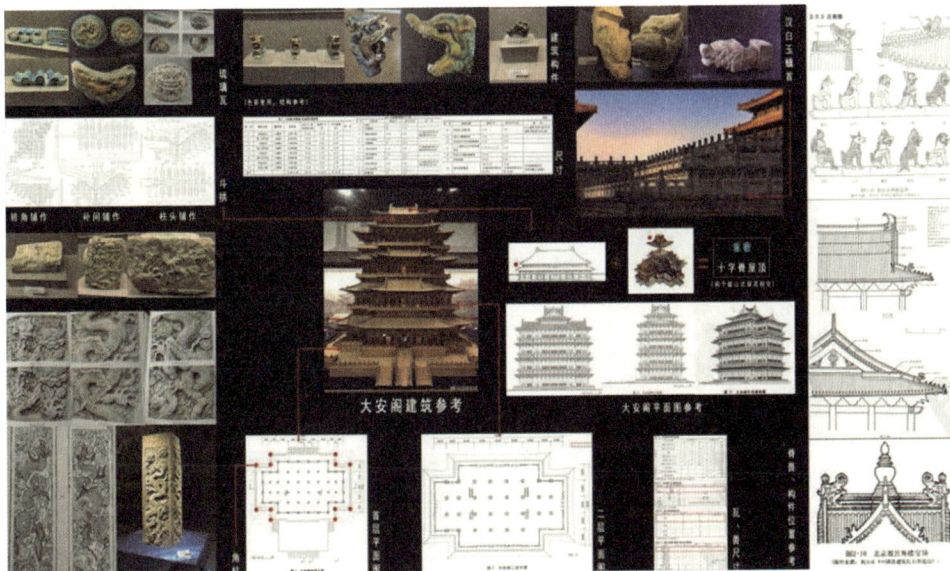

图5-34 建筑与物品 赵雪

图5-35　造型风格及材质设定分析图——《微探》 杨然　张芮　钱亦多

二、空间构图设计

（一）360°全景草图

绘制XR草图与动画视频分镜头脚本有很大区别，因为VR和AR媒介已经改变了传统的动画和视频内容的沟通规律方式，这意味着创作者需要在三维空间内进行设计，考虑观众可以从任何方向观察到的内容。这种构图方式需要艺术家和设计师具备全新的视角和思维方式，以便创造出能够充分利用VR和AR技术特点的沉浸式体验。

因此，在绘制构图草图时不再是传统的平面图，而是"球形图"（图5-36）。在VR视野中，前、后、左、右、上、下六个方向的视图被展开，并平铺在一张"球形图"上。借助这张辅助图，我们可以绘制VR场景的草图，并通过前、中、后景点的变化来开展构图设计。将构思好的场景画面绘制在网格展开图上，绘制时利用视觉舒适区辅助来判断物体的远近位置，完成构图中远景和近景的变化。设计完成后，可以使用Photoshop的Flexify2插件将此图合并成360°VR图片，并通过Pano2VR Pro软件进行VR效果体验，以此对构图进行校正（图5-37）。

使用Photoshop的Flexify2插件将此图合并成360°VR图片（图5-38、图5-39）。

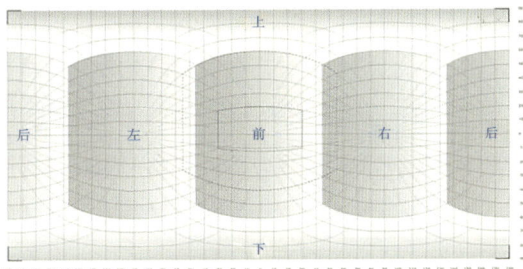

图5-36 球形图

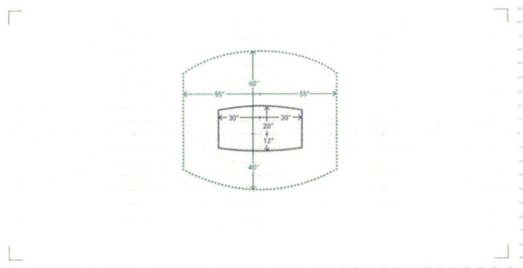

图5-37 球形图及舒适区辅助线
（深蓝色的小虚线表示舒适视区，浅蓝色的大虚线表示最大视区）

图5-38 全景草图绘制——《水调歌头·明月几时有》
杨欣霞

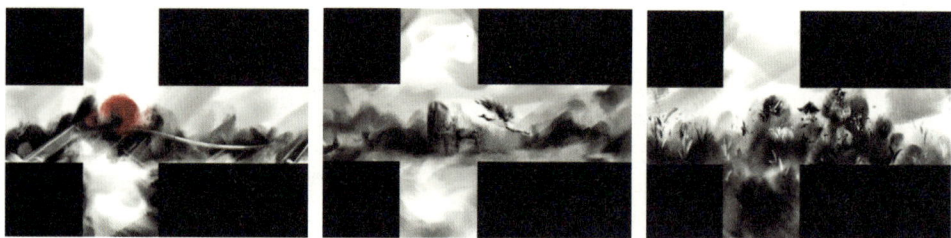

图5-39 《兰亭集序》沉浸式VR设计 张欣蕊

（二）构图分析表

在进行构图设计时，我们可以充分利用构图分析表来对场景中的视点和布局构图进行详尽的分析和评估。通过这种方式，我们可以在表中详细描述各个景别的内容，包括前景、中景和后景的具体元素。同时，我们还可以在表中提出相应的艺术处理方案，以增强场景的视觉效果和情感表达。这样的分析表不仅有助于团队成员之间的沟通和协作，还能够为整个场景设计提供一个系统化的评估标准，确保设计的每个环节都能达到预期的艺术效果和功能需求。通过这种细致的分析和评估，我们可以确保最终的设计成果能够满足项目的整体目标，同时也能够提升团队的工作效率和设计质量（表5–1）。

表5–1　构图分析表

序号	构图范围	内容说明	备注
1	前景内容		
2	中景内容		
3	后景内容		

三、高保真场景设计图

设计师在创作过程中，应当深度融合沉浸式叙事与沉浸式交互的理念，力求用户在体验时能够自然而然地沉浸于故事脉络中，同时深刻感受到场景的真实与生动。在此，高保真设计图发挥着不可替代的作用，它不仅细致入微地呈现设计的每一处细节与整体风貌，还为设计师与客户之间搭建了一座理解与沟通的"桥梁"，使设计意图得以精准传达。进一步而言，高保真设计图还成为设计审核的关键环节。借助这一工具，设计师能够深入剖析设计方案的定位、叙事、交互、场景、动效等多个设计内容，及时发现并修正潜在的瑕疵与不足，及时进行迭代与优化设计（图5–40～图5–42）。

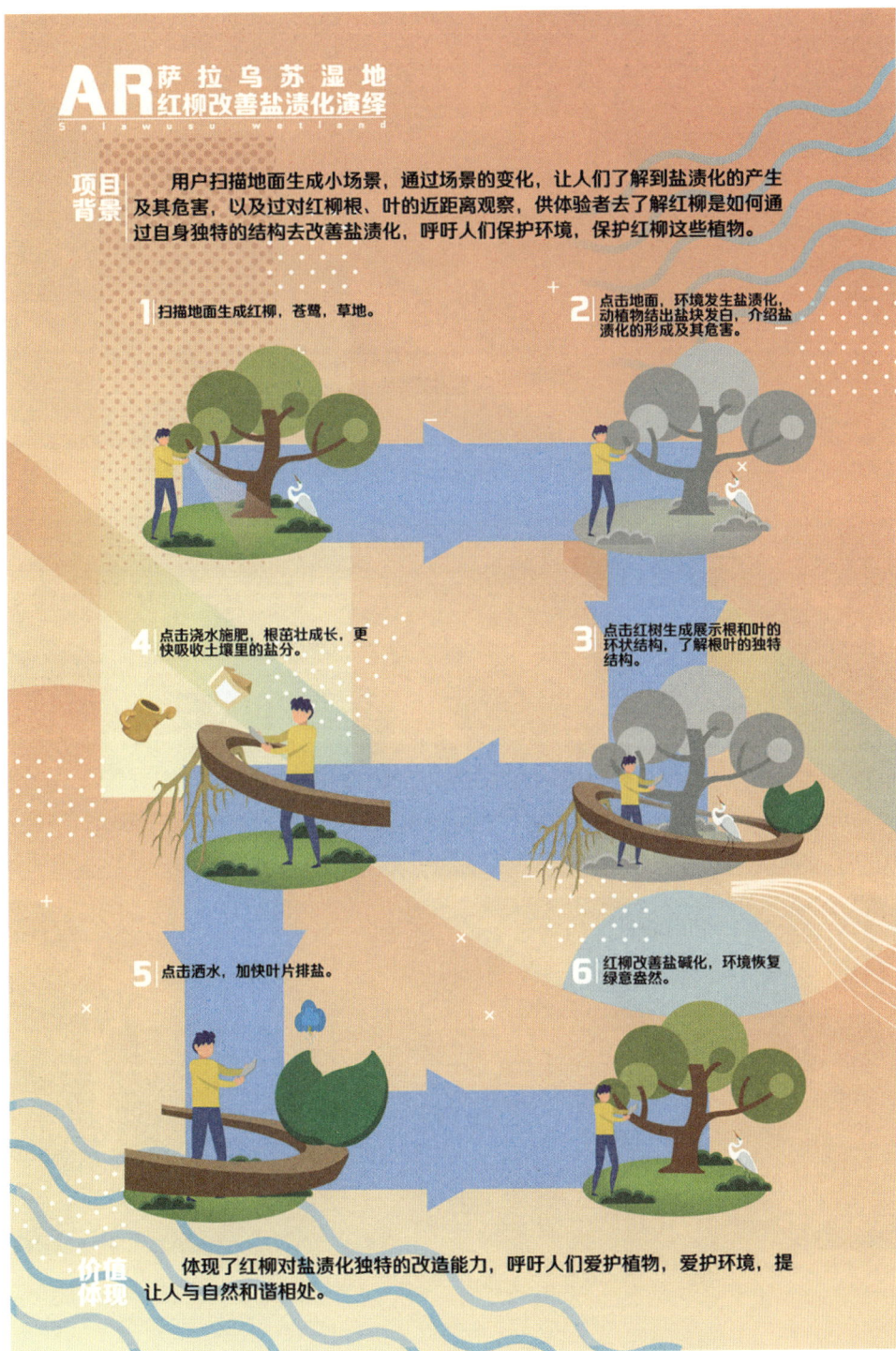

图5-40　高保真图设计案例——
萨拉乌苏湿地红柳改善盐渍化AR体验设计　姜世昌　庞国辉

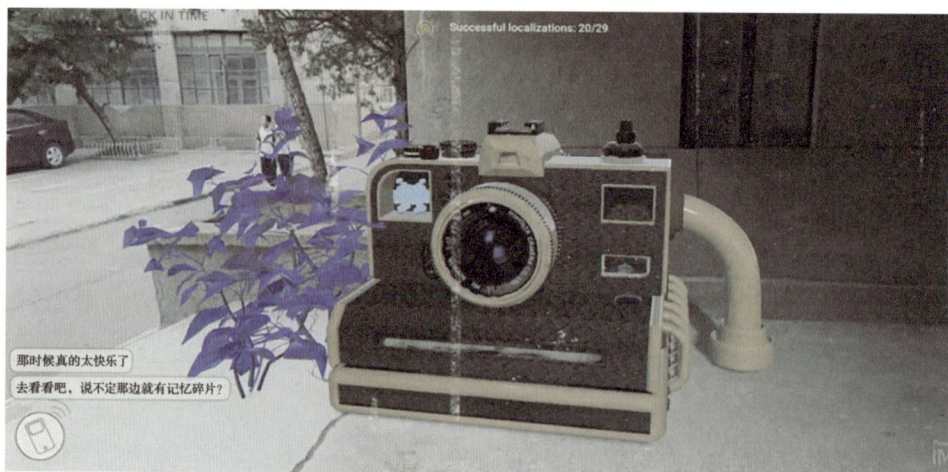

图5-41　高保真图设计案例——时溯AR体验设计　李慧斌　李彤　黄鑫塬

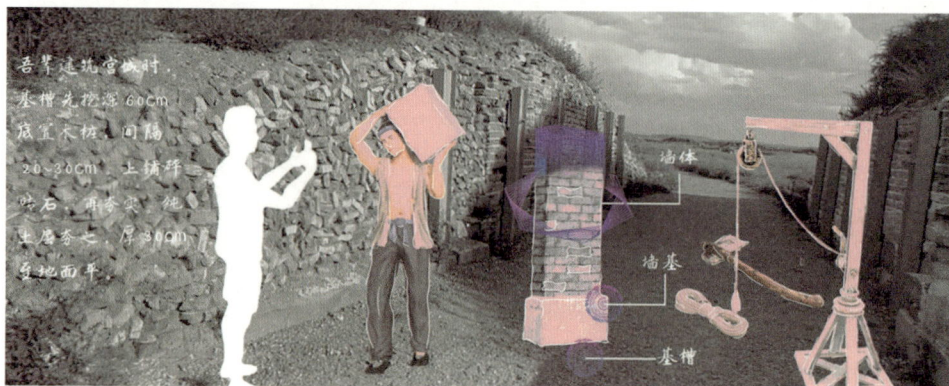

图5-42　高保真图设计案例——元上都遗址AR体验设计　赵雪

● 核心概念

沉浸 仿真 包裹 造型 气氛 情景

● 思考题

1.XR沉浸式场景设计的要素是什么?

2.XR场景中仿真与包裹性包含什么内容?

3.如何自主构建一个XR场景艺术方案,XR媒介的沉浸式艺术与传统艺术有何区别?

● 实践作业

结合沉浸式产品的定位、叙事、交互策划,开展场景设计资料收集调查与分析,从中汲取灵感与创意。依据资料归纳重点,绘制VR草图,完成设计项目的高保真图绘制,完成角色设计、造型设计、动效设计等内容。

第六章 作品分析与设计实践

| 教学目标 |

本章主要目标是让学生能够分析XR媒介中定位、叙事、交互、场景设计过程的优缺点；反思技术与艺术结合中如何满足用户体验需求；结合XR的技术，掌握并应用前文讲述设计方法，完成XR作品的设计。

| 教学重点 |

1.分析XR数字产品定位、叙事、交互、场景设计过程中的优缺点。

2.反思技术与艺术结合中如何满足用户需求。

3.理解并掌握XR的设计方法，思考如何提升XR作品的沉浸感。

4.分析案例经验，立足选题，思考设计方案方法。

| 推荐阅读 |

[1]代尔夫特理工大学工业设计工程学院. 设计方法与策略——代尔夫特设计指南[M]. 武汉：华中科技大学出版社，2014.

[2]孙玉洁. 数字媒体艺术沉浸式场景设计研究[D]. 中国艺术研究院，2021.

| 教学评估 |

通过课堂讨论和课后作业等多种方式，对学生的学习状况和能力水平进行综合评估。依据"定位、叙事、交互、场景"等关键设计要素和具体要求，对学生在沉浸式案例分析和方案设计过程中的表现进行过程评价和效果评价。例如，在讲评和汇报的过程中，可以观察学生对教学内容的掌握程度以及其灵活运用的能力，以此完成教学评估。

第一节　案例分析方法

　　案例分析是一种非常有效的学习手段，通过分析具体案例，不仅有助于掌握理论知识，还可以直观感受设计在实际应用效果，从而更清晰地领悟其核心要素。

　　在项目中，首要的核心要素聚焦于产品属性的精心策划。这不仅仅是对市场潜力的简单评估，更是对商业可行性的深入剖析，确保我们的产品既符合市场需求，又具备盈利的潜力。同时，我们深入洞察用户需求，力求产品的每一个功能都能精准对接用户的真实需求，提升产品的可用性。此外，技术团队还需不断探索技术边界，评估技术实现的可行性，为沉浸式项目体验的提升提供坚实的技术支撑。

　　另一大核心要素，则是沉浸式设计的实施，这包括了沉浸式交互、沉浸式叙事以及沉浸式场景的设计与实施。

　　在项目实施过程中，必须专注于精心打造沉浸式体验。致力于构建全面的沉浸式交互环境，确保用户在与产品互动的每一刻都能体验到深度参与的愉悦。必须巧妙地构建沉浸式叙事，借助引人入胜的情节，引导用户深入体验；同时，应重视沉浸式场景的设计与执行，通过精细的场景布局和逼真的感官刺激，使用户仿佛置身于一个崭新的世界，与产品达到和谐统一（图6-1）。

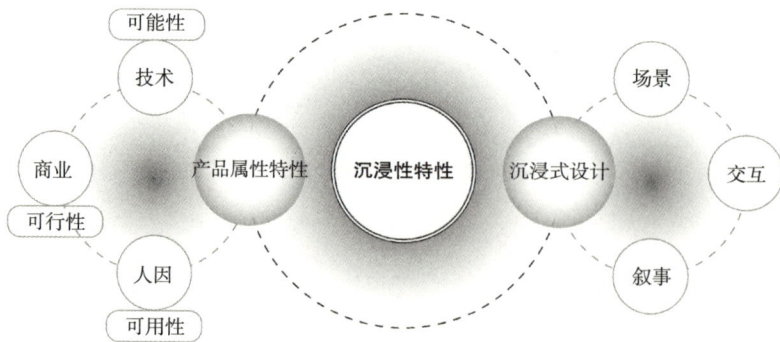

图6-1　沉浸特性示意图

　　因此，我们可以通过案例分析方法，采用沉浸式设计方法来展开分析。具体而言，分析内容应包括以下几点。

　　（1）沉浸式体验效果与产品商业发展潜力有何关系。

　　（2）探讨VR、AR、MR等不同媒介在沉浸式设计方面的共性与差异。

（3）研究媒介技术如何与人机交互、艺术设计相结合，以满足用户的沉浸式体验需求。

（4）提升XR作品沉浸感的有效途径。

为了更深入地分析案例，可采用评价指标对项目进行评估，内容参考如下：

（1）产品属性策划部分：项目名是否具有吸引力；选题方向是否符合社会、行业需要；是否有明确清晰的用户指向；是否根据用户需求设计项目功能；是否有合理的产品商业用途思考；作品是否可以传递有效核心知识与价值。

（2）沉浸式体验设计部分：叙事内容是否符合主题；信息框架图是否合理；场景构图是否合理，是否体现前景（主体）的造型与行为；策划内容是否可以通过软件和媒介技术实现；是否突出，具有创新及想象力；是否模拟恰当的仿真行为；配音是否符合客观与主观相结合要求；配音内容、风格是否符合叙事需要；整体体验是否突出沉浸感；文字撰写逻辑性是否合理；设计图是否美观；设计工作量是否适当。

第二节　作品案例赏析

一、元上都遗址文化诠释AR设计

作品描述：该作品以AR技术为媒介，开发了元上都遗址现场的文化体验沉浸式文旅项目。作品选取遗址遗迹本体、自然景观及人文景观作为叙事元素，运用三维仿真技术、环境重塑手段以及身体参与感知方法，实现了在遗址现场与虚拟人物进行实时对话以及虚拟漫游的功能，使游客能够在元上都遗址的现实地理位置上，亲身体验历史与场景的虚拟再现。

其中在沉浸式交互方面特点突出，表现在以下几个方面。

在交互技术层面，通过整合ARCore、视觉定位技术以及ManoMotion SDK手势识别插件，成功实现了虚拟信息与现实环境的精确融合。该技术为具身交互设计的应用提供了坚实的技术支持。

在具身交互方式层面，借鉴意象图示理论，通过模拟考古学家的行为模式，构建了交互关联性设计。该设计使用户得以通过模拟考古挖掘、分析及解读文物和遗迹等考古活动，增强了用户的沉浸感和参与度，显著促进了用户的主动学习行为。

在交互设计的表达层面，采用可视化图表和高保真设计图的方法，能够有效地阐释设计理念，并展示理论应用的深度。同时，叙事、交互、场景高保真图的制作具有强烈的艺术感，内容丰富，极大地增强了整个策划案的阅读体验（图6-2~图6-5、表6-1、表6-2、图6-6~图6-9）。

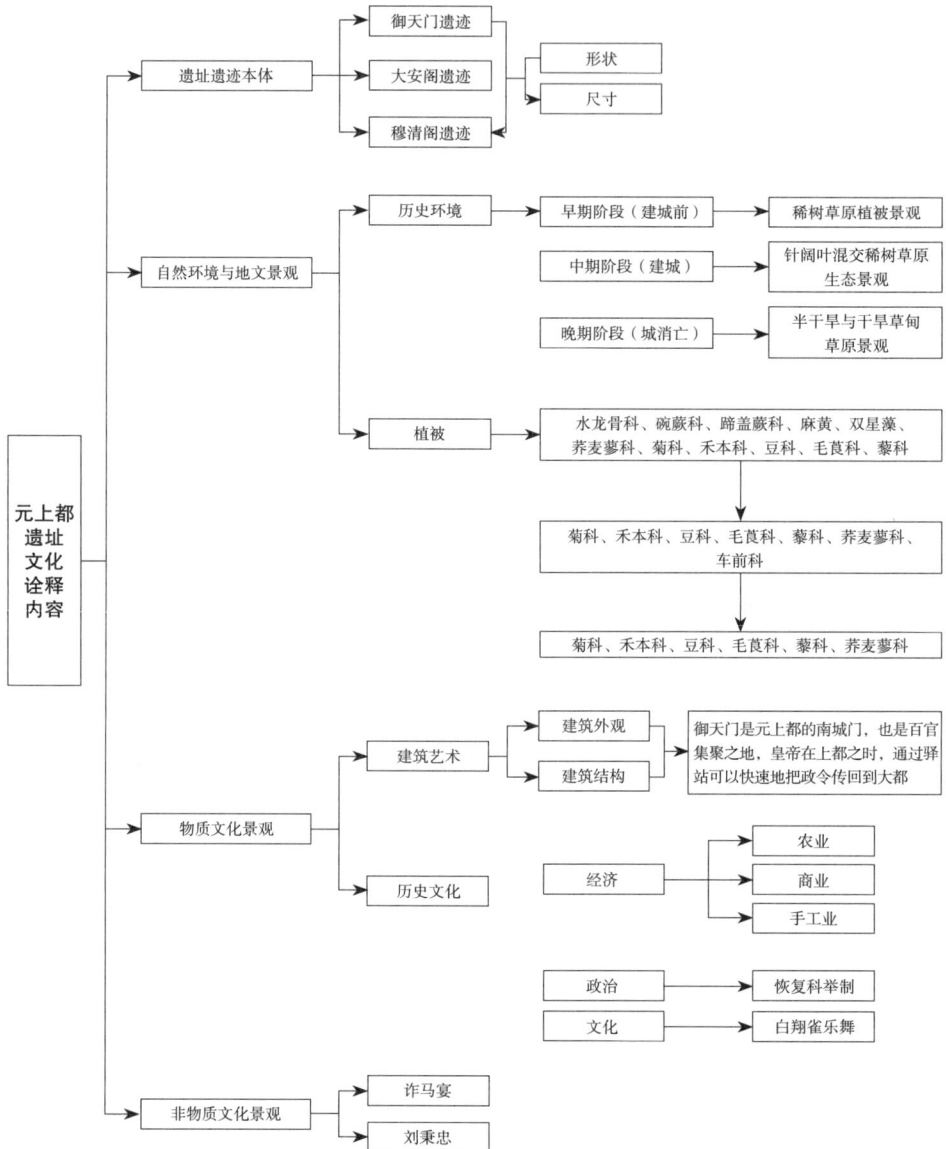

图6-2 元上都遗址文化诠释内容设计 赵雪

图6-3 御天门"古土层解"高保真设计 赵雪

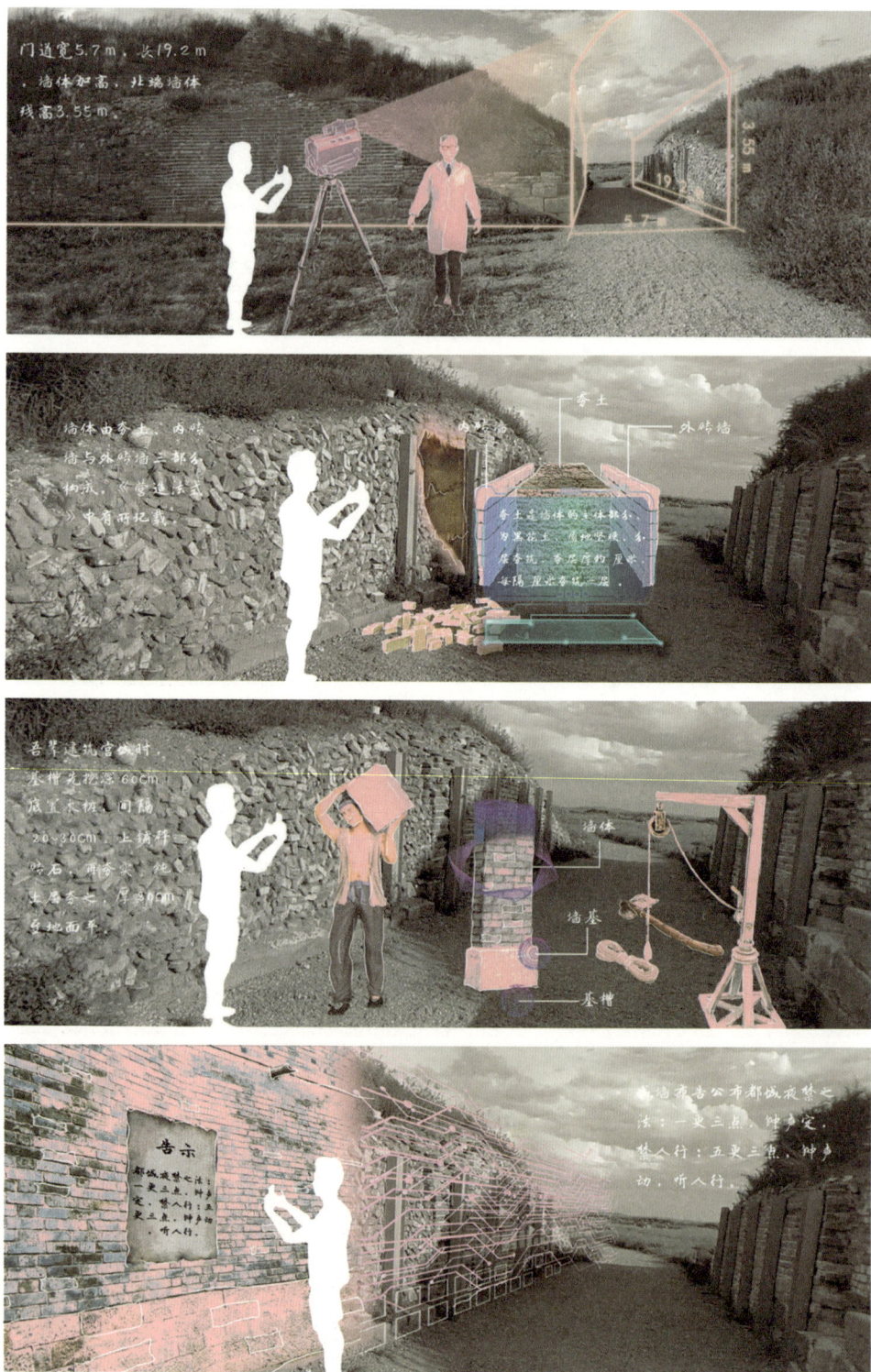

图6-4 御天门"城防解码"高保真设计 赵雪

挖掘手势

使用小铲，为了不破坏埋藏物动作缓慢而精细

路径意象图示 →

单手弯曲手指向下移动，模拟挖掘动作，挖开虚拟土壤。

→

监测手指关节的弯曲度，识别用户弯曲手指向下移的动作。

清理手势

使用软毛刷或气吹，轻轻清除尘土和碎屑。

路径意象图示 →

单手左右挥动，模拟清理虚拟古代文物。

→

监测手部的左右移动，根据手部位置变化判断清理动作。

测量手势

使用尺子或量距仪准确测量发现物品的尺寸。

路径意象图示 →

单手模拟拿尺子画方形路径，模拟测量虚拟文物尺寸。

→

监测手指位置和运动轨迹，判断是否形成方形路径。

记录手势

通过写字或拍照记录现场情况和发现物的细节

路径意象图示 →

单手模拟拿笔画圆形路径，模拟记录虚拟考古发现。

→

监测手指位置和运动轨迹，判断是否形成圆形路径。

↑

通过模拟现实世界中的考古手势，虚拟环境的交互设计可以更自然，从而降低用户的认知负荷增加交互的效率。

↑

意象图示是在早期经验中形成的基本认知结构，可以帮助现实世界的考古手势转变为虚拟世界的交互手势。

↑

通过集成ManoMotion SDK手势识别插件，应用能够详细捕捉用户的手势和手部动作。

现实世界考古手势　　　　**考古手势设定**　　　　**手势识别**

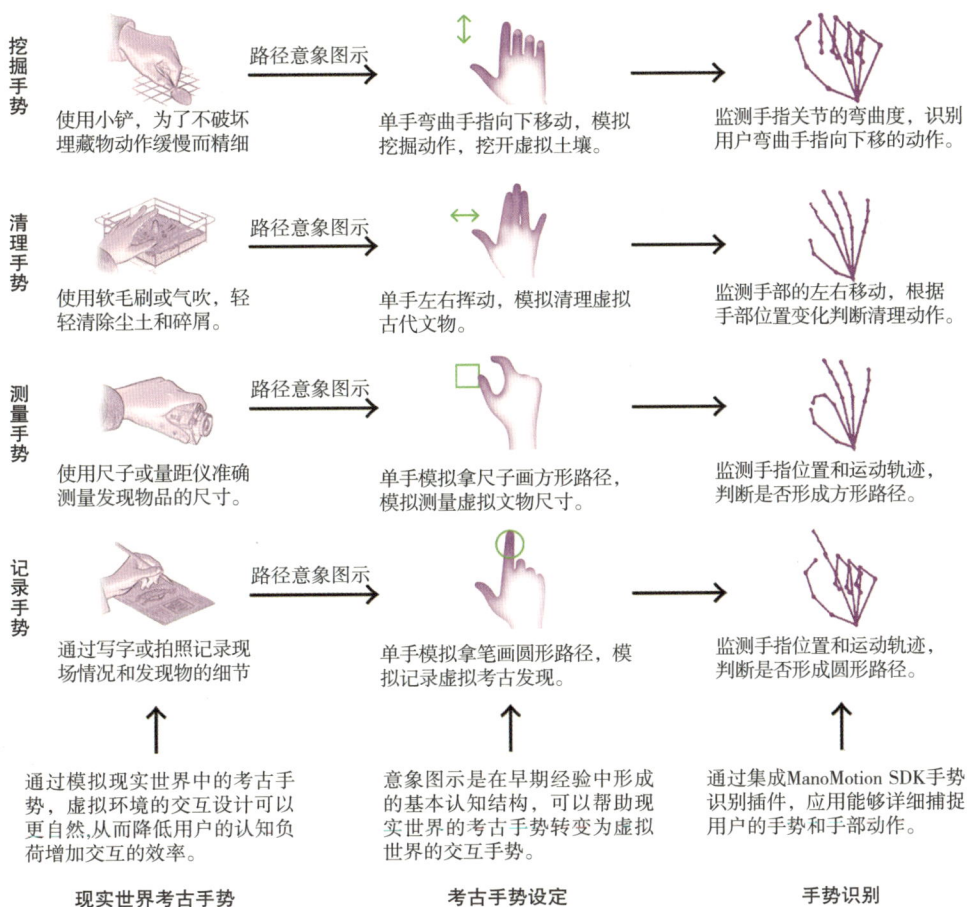

图6-5　元迹考寻手势设定　赵雪

表6-1　元迹考寻考古手势设计

现实世界考古手势	AR中的考古手势	手势设定	意象图示
挖掘手势：使用小铲和刷子，动作缓慢而精细，目的是不破坏埋藏物	模拟挖掘：单手抓取移动，模拟挖掘动作来"挖开"虚拟土壤		路径意象图示：用户通过手指移动来"挖掘"虚拟土壤层，挖掘手势遵循从表层到更深层的路径，这与路径意象图示相关，其中手势和工具的运动定义了从一点到另一点的路径
清理手势：使用软毛刷或气吹，轻轻清除尘土和碎屑	虚拟清理：单手左右挥动，模拟清理古代文物的动作		路径意象图示：用户通过模拟手势使用软毛刷沿着虚拟物体的表面移动扫除尘土和碎屑的动作遵循特定的路径，手势沿着物品表面移动，模拟真实的清理路径，这反映了路径意象图示中的移动和方向性

续表

现实世界 考古手势	AR中的 考古手势	手势设定	意象图示
测量手势：使用尺子或量距仪准确测量发现物品的尺寸和它们之间的距离	交互式测量：单手抓取移动在虚拟空间中进行测量，AR系统会即时显示尺寸数据		路径意象图示：用户通过移动手势使用尺子或量距仪进行测量时，操作者在两点之间划定一条直线，来确定长度或距离。这个过程符合路径意象图示，因为它涉及在空间中的移动轨迹或线条来测量距离
记录手势：通过写字或拍照记录现场情况和发现物的细节	增强记录：单手抓取移动拍照或录入文字信息，从而记录虚拟考古发现		路径意象图示：用户通过手势写字时，手的移动形成了文字的路径，沿着特定的路径移动手指或设备来拍照或选择，这同样符合路径意象图示的概念
挖掘基槽手势：弯腰并用力挖土，然后提起并抛弃土块的连续动作	模拟挖掘：单手抓取移动，模拟挖掘动作来挖开虚拟土壤		路径意象图示：用户通过手势在虚拟空间中创建了一条移动路径，这模拟了现实世界中挖掘时工具的运动路径
铺设木桩手势/铺设砖石手势：一手持桩，另一手使用槌子等工具敲击木桩顶端，反复有节奏地敲打	模拟铺设：握拳敲击，模拟铺设木桩/砖石手势，木桩牢固地打入地内		路径意象图示：手的运动——从抬起到敲击木桩/砖石——构成明确的路径，这条路径从手的起始位置延伸到虚拟木桩/砖石的表面

表格来源：赵雪

表6-2 令行禁止模块中的文化交互手势设计

现实世界 文化手势	AR中的 交互手势	意象图示
敲钟手势：抬起钟锤，以一定的力度和速度敲打钟体，产生清晰的声音	模拟敲钟：握拳敲击虚拟钟体，产生清晰的声音	路径意象图示：手的运动——从抬起到敲击钟体——构成明确的路径，这条路径从手的起始位置延伸到虚拟钟体的表面
展示令牌手势：手掌向上平展，确保令牌清晰可见	模拟展示令牌：手掌向上平展，展示虚拟令牌	容器意象图示：手掌向上平展，形成一个支撑面或"容器"，用来"装载"或展示虚拟令牌

表格来源：赵雪

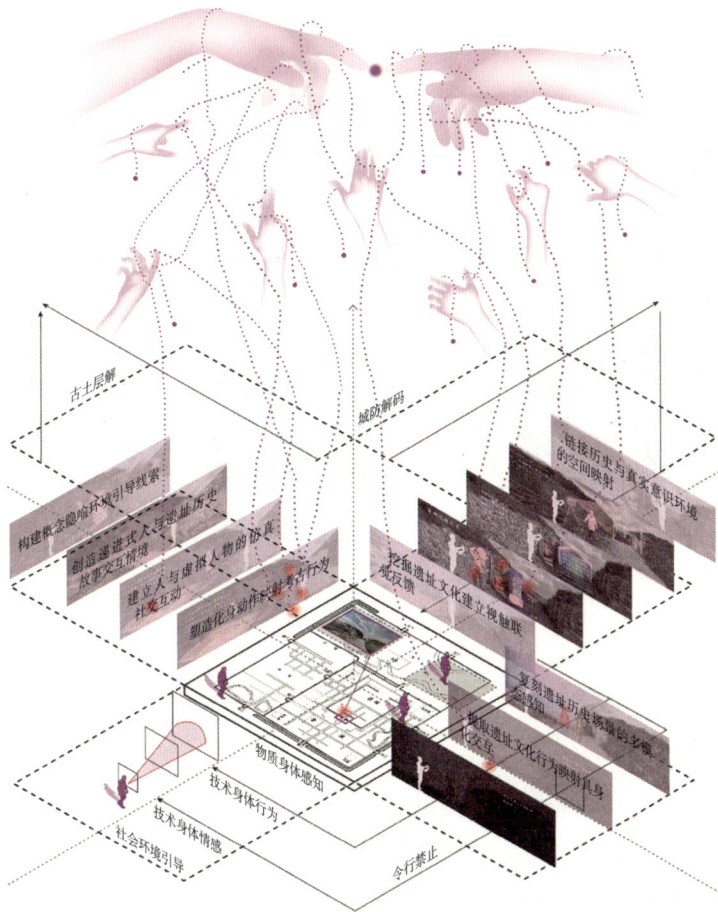

图6-6 具身交互设计 赵雪

图6-7 元迹考寻信息架构设计 赵雪

图6-8　引导线索设计　赵雪

图6-9 具身交互设计 赵雪

二、民族服饰MR虚拟展设计

作品描述：该项目设计了一款融合民族服饰元素的MR产品。该产品基于MR技术的应用，旨在创新性地沉浸式展示民族服饰的历史文化信息。其构建了一个虚实结合的时空叙事框架，从民族服饰的形制、图案纹样以及自然生活环境三个维度，创造了一个可供展示、参与和交流的虚拟民族服饰展示空间。该作品描述了不同民族服饰间交流、交往与融合的历史脉络，展现了多元民族服饰的和谐共融之美，进而彰显了北方各民族在物质与精神文化层面的相互借鉴与融合。

　　该设计方案在沉浸式叙事领域展现出诸多优势。具体而言，其采用了"主题—并置"式的叙事策略；构建了非线性的叙事结构；并精心设计了叙事时空，从而为用户打造了一个与服饰信息进行互动交流的结构框架（图6-10）。

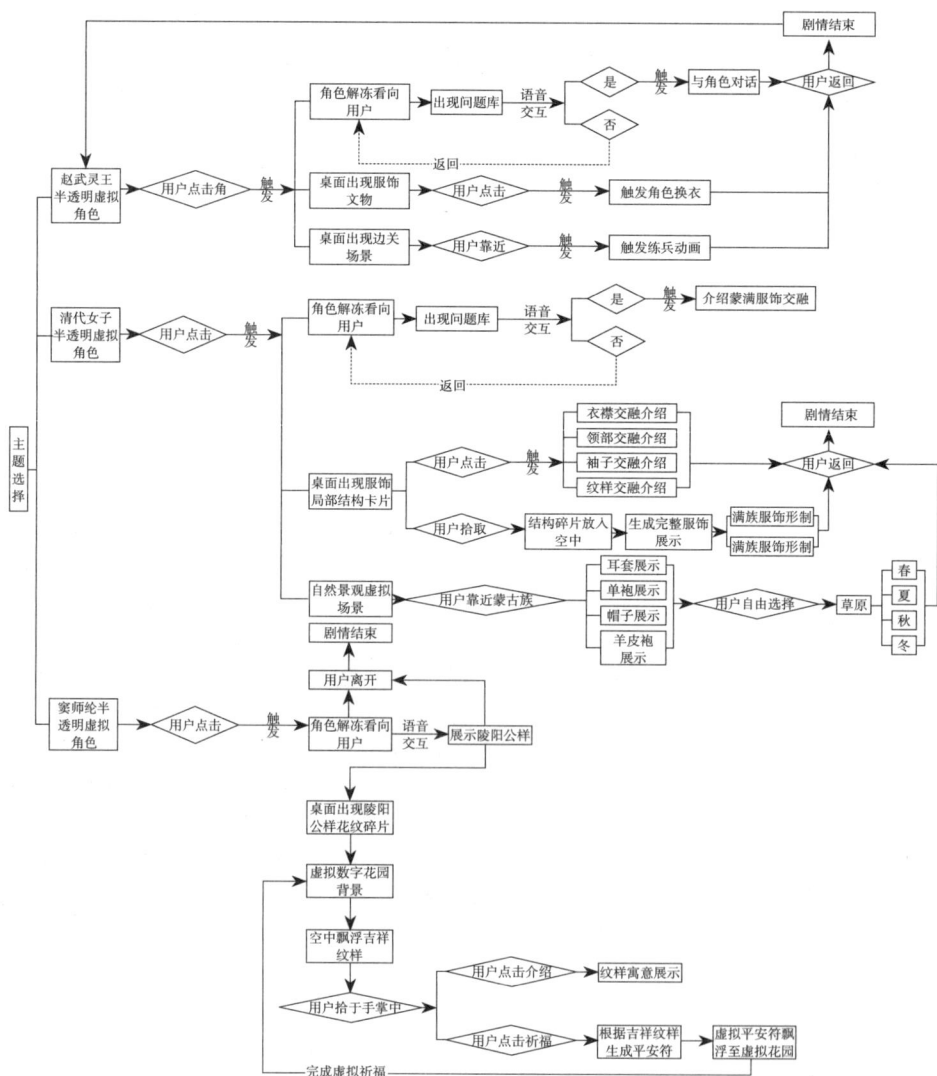

图6-10　非线性的叙事结构设计框架　刘雅楠

通过非线性的叙事结构设计，我们平衡了树状叙事和碎片化叙事两种模式，发挥了它们各自的优势，既引导用户到达既定的体验点，又巧妙地将不同主题内容的流程非线性化，激发用户更深层次的互动交流，实现更具自主性的信息传递，使其在参与叙事过程中充满惊喜和探索的乐趣（表6-3）。

表6-3　民族服饰虚拟展叙事内容梳理表　刘雅楠

叙事主题	叙事内容			依据	内容重构
形制交融之美	赵武灵王下达胡服令，由上衣下裳改为上衣下裤			"胡服骑射""孝文改制"是服饰革命的典型案例	再现历史虚拟人物，与观者共同交流服饰形制交融的历史，再现当时的历史时空
	北魏孝文帝实行改制，推行汉服，展现少数民族与汉族服饰的混穿的局面，形成多元融合				
	清朝的满蒙女子服饰形制不断融合	领部		清代满族与蒙古族科尔沁部长期交往交流的产物	还原清代满族、蒙古族科尔沁部服饰细节，重点展示领部、袖子、纹样的交融之处
		袖子			
		纹样			
图案共享之美	民族服饰中纹样的应用	陵阳公样		蜀锦代表纹样，融合外来文化与本土审美	"陵阳公样"的创始人窦师纶向用户展示陵阳公样的融合之美
		植物类纹样		中国传统纹样作为"中国符号"，因其美好寓意被代代传承，成为中华文化的象征	民族服饰中应用的传统吉祥纹样，搭建出虚拟数字花园，实现虚拟穿越，设定相关任务，完成纹样收集与绘制
		动物类纹样			
		其他纹样			
自然互融之美	东、南、西、北各民族生活环境的自然景观	草原	春	自然生态环境影响着民族服饰的各个方面	设定四种不同季节、不同自然环境的展示背景，选取对应环境中各民族服饰，展示各民族生活环境，讲述民族服饰与自然环境的融合之美
		岛屿	夏		
		荒漠	秋		
		森林	冬		

深入挖掘与民族服饰相融合的相关内容，并以此为依据引导后续内容的选择与编排。民族服饰虚拟展的叙事主题最终设定为：形制交融之美、图案共享之美、自然互融之美，三个主题采用"主题—并置"的叙事方式，将形制、图案纹样、自然生活环境三个不同角度并置，讲述不同民族服饰之间的交流、交往和交融的历史轨迹，展示不同民族服饰的共融之美，进而体现北方各族人民物质、精神文化的互鉴融通，如图6-11所示。

图6-11　叙事主题设定　刘雅楠

在探讨民族服饰融合主题时，致力于对不同历史时期真实服饰的精确复制，并重构民族服饰融合的历史叙事，以复现相关历史人物的形象，如图6-12所示。此外，本研

图6-12　多维历史时空串联效果图　刘雅楠

究采用碎片化叙事结构巧妙地将这些叙事片段连接起来，构建了3个以民族服饰融合为主题的虚拟时空，旨在复原民族服饰的历史原貌，并重新诠释其历史融合过程。通过此方法，为观众提供了一个生动且真实的民族服饰虚拟展示时空（图6-13、图6-14）。

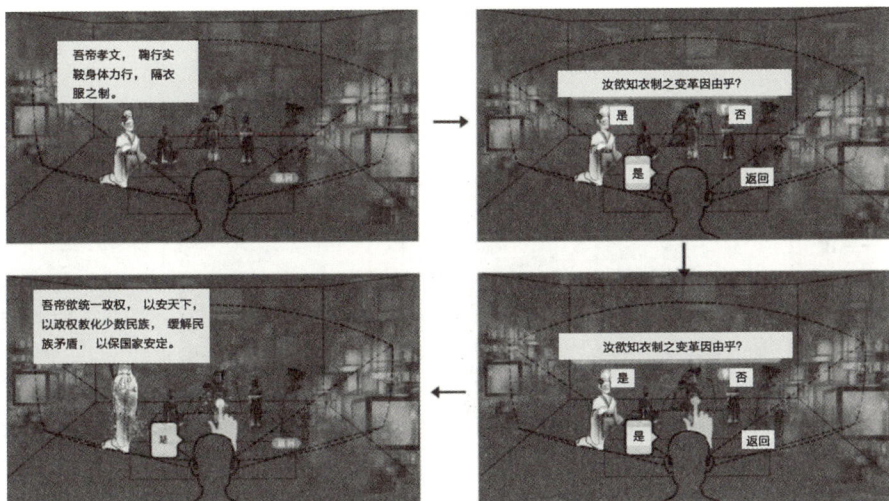

图6-13　北魏陶俑叙事角色流程图　刘雅楠

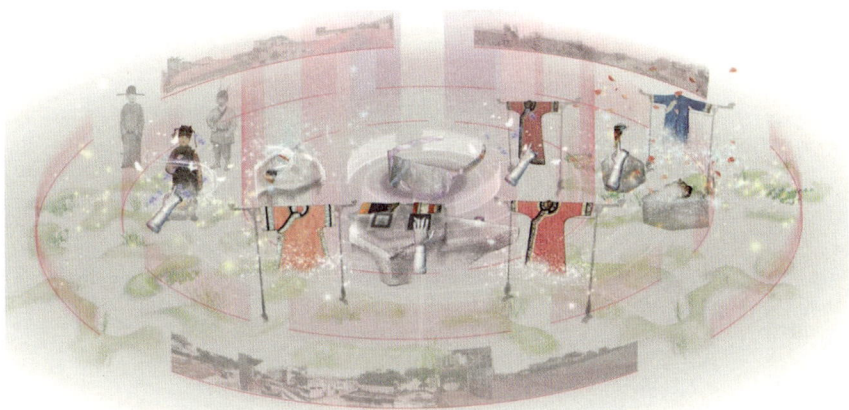

图6-14　自然互融之美的场景搭建设计　刘雅楠

三、《谷物人和》河套小麦发展史的沉浸式农事体验设计

作品描述：挖掘梳理河套小麦发展史中故事原型，开发沉浸式交互体验的农事教育产品。产品借助手推车这一传统农具作为交互媒介，使用VR设备–HTC Vive以及Tracker追踪器功能，通过将操控农具在物理世界中的运动信息进行追踪，巧妙将物理世界人体活动与虚拟世界故事事件行为相连接。通过具身行为感知的仿制，唤起用户体验与学习热情（表6-4、图6-15~图6-19）。

表6-4 多模态交互剧本 张霞

章节	节气	历史时间	观众身份	场景画面	声音对话	低保真设计	文字信息
1 建立郡县	立春	秦汉时期	小兵	在一片辽阔的平原上，一队秦朝士兵正向前行军，观众推着军粮，跟随蒙恬大将军一起前往阴山之北	蒙恬将军回头向士兵们看去，并介绍道："此行我们在河套建立郡县，安定边疆。"		公元前221年秦始皇统一全国，派大将蒙恬逐匈奴于阴山之北，在河套平原设置郡县
2 五原之名	雨水	秦汉时期	商贩	天上下着毛毛细雨，在郡县城中，观众在城中的集市里，推着小摊在贩卖面食	周围有小贩和观众聊天"九原部现在不再叫九原部啦，叫五原县""咱老百姓的生活好过了"		汉武帝元朔二年（公元前127年）改秦九原郡为五原郡，郡治在九原县，隶属于朔方刺史部，五原之名首见史册
3 昭君引种	惊蛰	秦汉时期	随使	昭君出塞场景，背景是宏伟的山脉与辽阔的草原，用户推动车手推车，跟随昭君越过边塞，车上是五谷籽种，周围是随行的队伍	车马行走声效		汉朝中后期，中原王朝与匈奴政权实行和亲政策，王昭君是其中最著名的和亲公主，汉匈双方往来密切，促进了北部边疆社会经济的发展
4 春分播种	春分	秦汉时期	农民	春分时节天气暖和、雨水充沛、阳光明媚。田间，观众推动楼车行走，从车上均匀撒下小麦种子	一位农民在旁边与观众交谈："九九又一九，牛犁遍地走，春分是播种的好时节，希望秋天能有个好收成啊。"		

图6-15 开屏待机界面高保真 张霞

图6-16 章节选择页与前情提要文字介绍画面设计 张霞

图6-17 田间高保真绘制 张霞

图6-18 《谷物人和》体验设计 张霞

图6-19 最终展现效果 张霞

四、《古简逢今》居延汉简信息MR诠释设计

作品描述：作品是以MR技术诠释居延汉简文字精髓的信息交互设计。以MR技术为媒介，深入阐释了居延汉简文字的精粹，并通过信息交互设计予以呈现。设计中巧妙融合MR空间计算相关技术，在现实空间中创新性地构建了一个穿越汉代的虚拟沉浸环境。在这一虚拟的汉代环境中，实现了观者与汉字之间的无缝交互体验，通过手势识别技术实现了互动式的说文解字，进而解读居延汉简中汉字的深层含义。该体验仿佛使观者穿越时空，亲临历史长河，近距离体验中华传统文化的深厚底蕴。深入挖掘并展示了居延汉简文字所蕴含的美学魅力及其丰富的历史文化内涵（表6-5、图6-20~图6-22）。

表6-5　居延汉简信息MR诠释内容设计表

字	出处	名词解释	原物模型
烽	《塞上烽火品约》	"烽"是倒悬的半圆或框架形物体，类似灯笼一类，显然便于白昼用作某种信号标识	
表	《塞上烽火品约》	"表"是旗帜一类，类似于今天的信号旗，旗面上下或设横木，或四面皆有边框，使之垂展	
釜	《永元器物簿》	圆底而无足，必须安置在炉灶之上或是以其他物体支撑煮物，釜口也是圆形，可以直接用来煮、炖、煎、炒等，可视为现代所使用"锅"的前身	
硙	《永元器物簿》	由磑演变而来，读作硙（wéi或wèi），指磨，使物粉碎。在薄中表石磨	

表格来源：李德亿

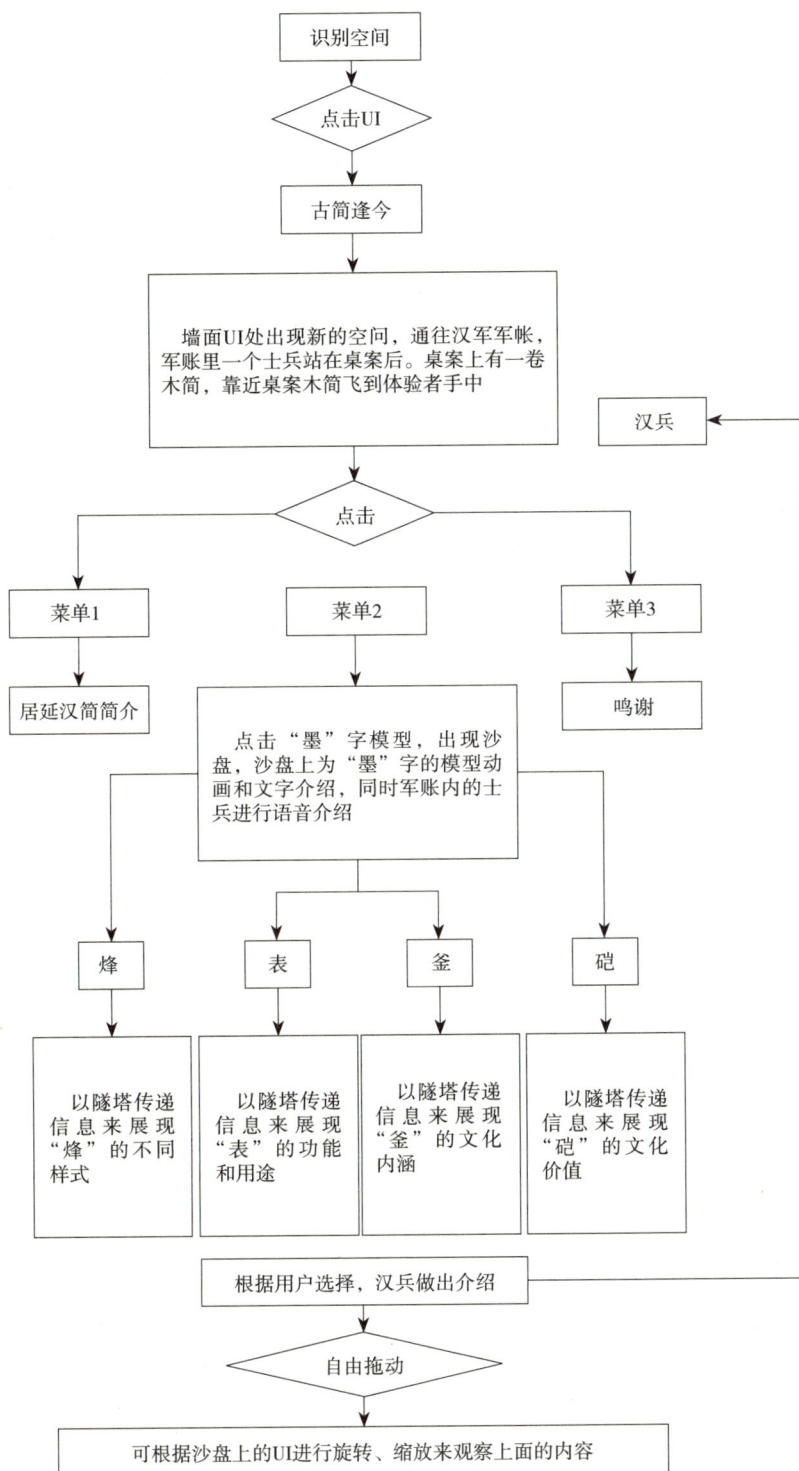

图6-20 交互流程图 李德亿

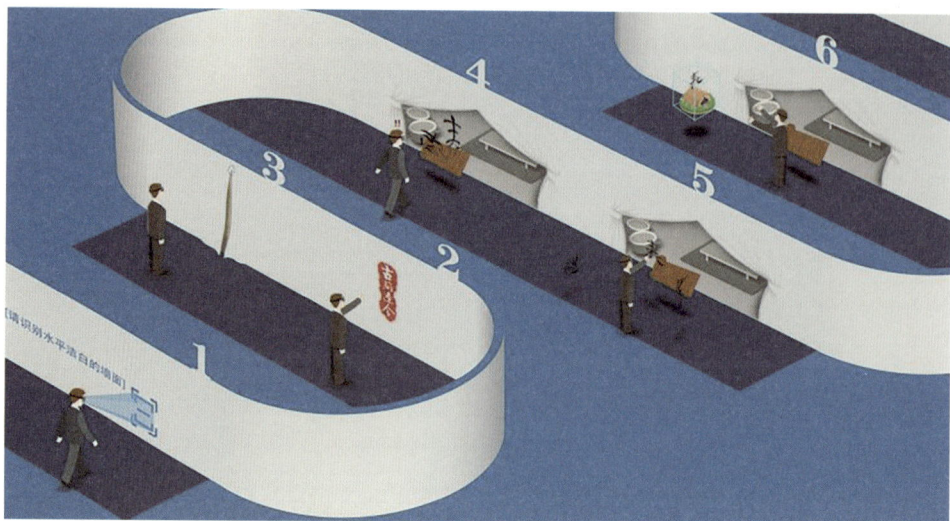

图6-21 高保真设计图 李德亿

利用空间计算技术，将墙体转化为可扩展的虚拟世界，以展开叙事。构建一个模拟军营的虚拟环境，其中所有元素均需体验者进行指挥，从而增强体验者的角色代入感。佩戴相应设备后，体验者即可"穿越"，自划破墙面起即进入游戏。在游戏互动过程中，体验者将化身为汉代边疆的士兵及军官，与虚拟角色进行交流，体验成为士兵的情境，并在获取所需物资的同时，学习汉代简牍上的文字知识（图6-23~图6-24）。

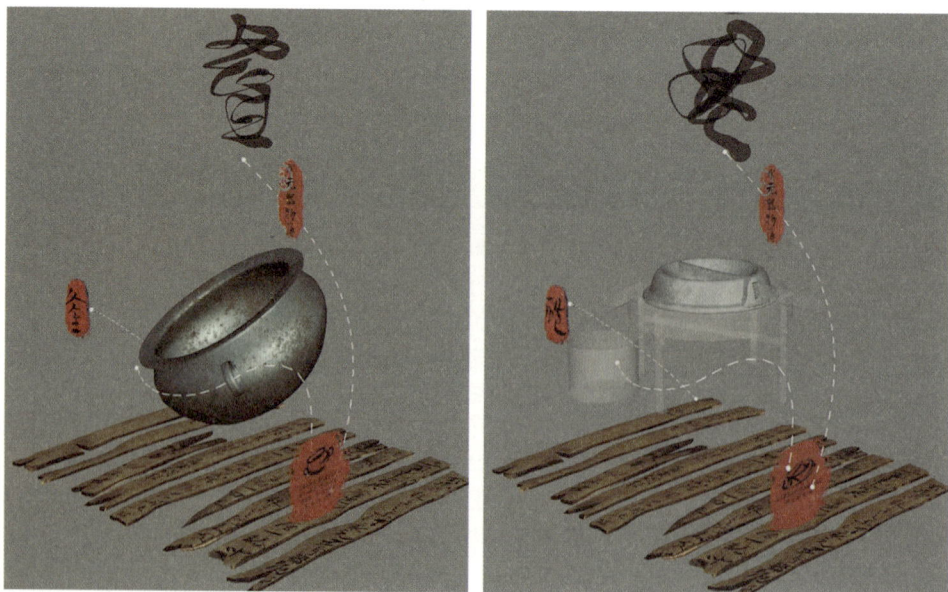

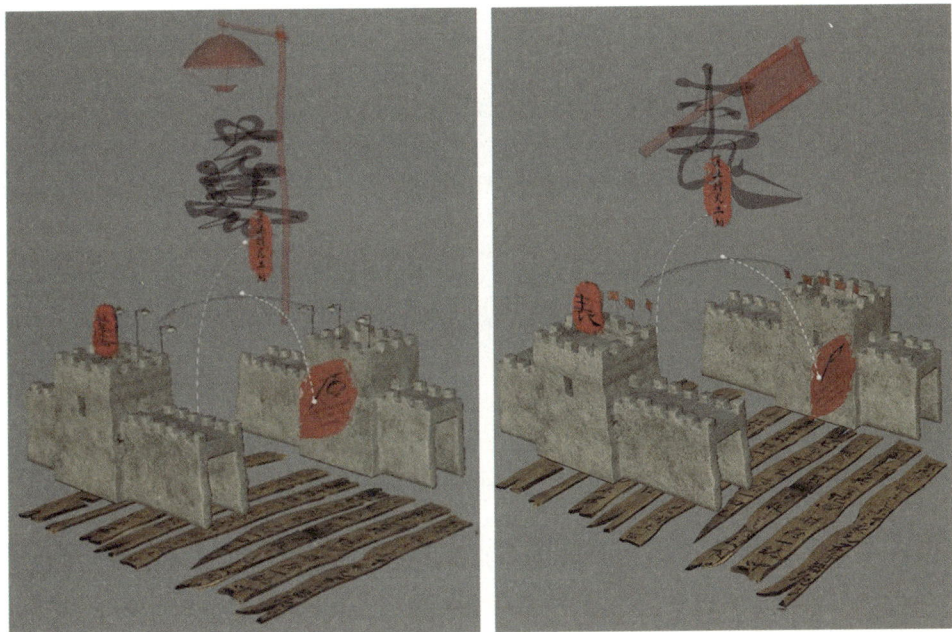

图6-22 "烽""表"虚拟场景造型设计 李德亿

图6-23 汉简展示截图 李德亿

在体验中，参与者通过点击文本触发相应的解释性信息，这些信息以虚拟沙盘的形式呈现。同时，虚拟角色会根据文本内容进行解说，使参与者能够自主探索。参与者能够通过手势操作对沙盘进行缩放，例如，通过双手的自然拉伸动作实现沙盘的放大与缩小。此外，参与者可以通过选中沙盘并使用双手进行拉远或放大的手势来放大沙盘，进而实现对沙盘内容的深入观察，如木简信息和汉长城的结构。通过这种

图6-24 "汉简简介"的交互现场截图 李德亿

交互方式，模型能够实现对汉长城的比例放大，从而为参与者提供更为震撼的沉浸式
体验（图6-25~图6-27）。

图6-25 "点击文字出现的沙盘"的交互现场截图
李德亿

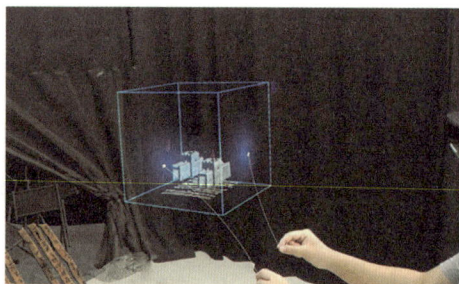

图6-26 "双手缩小"的交互现场截图
李德亿

图6-27 "放大沙盘后"的交互现场截图 李德亿

● 核心概念

案例分析　设计过程　设计表现

● 思考题

1.AR、VR、MR不同媒介沉浸设计有何共同特点及差异点?

2.媒介技术如何与人因、艺术相互结合,并满足用户沉浸体验需求?

3.如何提升XR作品的沉浸感?

● 实践作业

作业一:请深入分析并讨论沉浸式设计的案例,提炼出案例中的设计优势,并提出相应的改进措施。

作业二:基于先前的叙事设计、交互设计及场景设计案例,实施设计优化的实践活动,并对设计表达进行实践操作与评价反思。

参考文献

[1] 乔治·莱考夫，马克·约翰逊. 肉身哲学：亲身心智及其向西方思想的挑战（全二册）[M]. 北京：世界图书出版有限公司，2018.

[2] 余日季. AR技术与非物质文化遗产数字化开发[M]. 北京：人民出版社，2017.

[3] 阿尔伯特·班杜拉. 社会学习理论[M]. 陈欣银，李伯黍，译. 北京：中国人民大学出版社，2014.

[4] 安福双. 正在发生的AR（增强现实）革命：完全案例+深度分析+趋势预测[M]. 北京：人民邮电出版社，2018.

[5] 卜琳. 中国文化遗产展示体系研究[M]. 北京：科学出版社，2013.

[6] 杰斯·詹姆斯·加瑞特. 用户体验要素：以用户为中心的产品设计[M]. 范晓燕，译. 北京：机械工业出版社，2011.

[7] Dourish.P. Where the action is：the foundations of embodied interaction[M]. Cambridge：MIT Press，2001.

[8] Freeman Tilden. Interpreting our heritage[M].North Carolina：The University of North Carolina Press，2007.

[9] Moggridge.B，Atkinson.B. Designing interactions[M]. Cambridge，MA：MIT Press，2007.

[10] Don Lhde. Bodies in technology[M]. The University of Minnesota Press，Chicago Distribution Center，2001.

[11] Carter，J.(ed.) A sense of place：an interpretive planning handbook[M]. Inverness：Tourism and Environment Initiative，1997.

[12] 花建，陈清荷.沉浸式体验：文化与科技融合的新业态[J]. 上海财经大学学报，2019，21（5）：18-32.

[13] 李嘉泽. 论VR/AR在媒体艺术中的境界美学具象化特征[J]. 北京电影学院学报，2017，No.134（2）：141-146.

[14] 叶浩生. "具身"涵义的理论辨析[J]. 心理学报，2014（7）：1032-1042.

[15] 李恒威，盛晓明.认知的具身化[J]. 科学学研究，2006，24（2）：184-190.

[16] 鲁晓波，刘月林. 具身交互：基于日常技能而设计[J]. 装饰，2013（3）：96-97.

[17] 姚争为，杨琦，潘志庚，等. 具身交互与全身交互的比较[J]. 计算机辅助设计与图

形学学报，2018，30（12）：2366-2376.

[18] 谭亮.具身交互语境下的环境媒体设计：理论框架与研究进路[J].美术学报，2019（2）：116-122.

[19] 王红，刘素仁.沉浸与叙事：新媒体影像技术下的博物馆文化沉浸式体验设计研究[J].艺术百家，2018，34（4）：161-169.

[20] 黄红涛，孟红娟，左明章，等.混合现实环境中具身交互如何促进科学概念理解[J].现代远程教育研究，2018（6）：28-36.

[21] 覃京燕，安燕琳，卢星晖，等.具身与离身认知在多模态交互环境下的交互语法研究[J].包装工程，2019，40（12）：134-139，194.

[22] 肖亦奇，何人可.基于意象图式编码的交互隐喻设计方法研究[J].包装工程，2018，39（16）：162-166.

[23] 徐兴，李敏敏，李炫霏，等.交互设计方法的分类研究及其可视化[J].包装工程，2020，41（4）：43-54.

[24] 侯颖，许威威.增强现实技术综述[J].计算机测量与控制，2017，25（2）：1-7，22.

[25] 郑心怡，金泽慧，王玫.触觉反馈技术在虚拟代理交互设计中的应用[J].无线互联科技，2023，20（7）：101-105.

[26] 王卓斐.新现象学的"身体"概念——立足于自然审美视域的考察[J].哲学动态，2014（6）：57-61.

[27] 沈夏林，张际平，王勋.虚拟现实情感机制：身体图式增强情绪唤醒度[J].中国电化教育，2019（12）：8-15.

[28] 杨逐原，郝春梅.媒介空间中的情感演化研究——基于情感具身性的视角[J].全球传媒学刊，2022，9（6）：53-67.

[29] 孙辛欣.交互设计的决策规律：信息架构与行为逻辑的匹配[J].装饰，2016（5）：140-141.

[30] 李成蹊，吴芳，孙琦.社交互动情境下的信息传播效果研究[J].管理工程学报，2023，37（2）：22-34.

[31] 杭云，苏宝华.虚拟现实与沉浸式传播的形成[J].现代传播(中国传媒大学学报)，2007，149（6）：21-24.

[32] 孙玉洁.数字媒体艺术沉浸式场景设计研究[D].中国艺术研究院，2021.

[33] 黄心渊，陈柏君.基于沉浸式传播的虚拟现实艺术设计策略[J].现代传播（中国传媒大学学报），2017，39（1）：85-89.